日本酒超入門

ちょっと知ると、もっと好きになる

呑みたい酒の見つけ方

SSI認定日本酒学講師・唎酒師
石田洋司

くびら出版

本書の登場キャラクター

長老

日本酒居酒屋の店主、日本酒学の講師。仙人の姿を借りて、一人でも多くの人においしい日本酒を味わってもらうために日々、奮闘中。

新人くん

日本酒は好きだが知識はゼロ。飲食店でも酒屋でも、好みの酒をうまく伝えたい。

薫

清楚なお嬢様。フルーティーな香りが特徴で、透明感の高い、軽快な味わいが多い。

凜

サバサバしてボーイッシュ。香りはひかえめ。軽快でスッキリした味わい。「淡麗」とよく呼ばれる。

さち

古風な大和撫子《やまとなでしこ》。コクのある、ふくよかな香りで、どっしりした味わい。

玉代

大阪のおばちゃん風。クセがあり、個性的。熟した香りと濃厚な味わい。

泡雪

ポップで弾けている元気娘。ほのかに甘い香りが漂う。キリッとして爽やかな甘さを感じる。

メイ

金髪のハーフ。スタイリッシュで、爽やかな柑橘《かんきつ》系の香り。味わいは軽快で酸が高め。

意中の酒に出会うには
「ときめき」を感じることが
大切なんじゃ

はじめに

ふとしたとき、ある日本酒のラベルを見たら、「特A山田錦 28BY 袋吊雫酒斗瓶囲生酛仕込 純米大吟醸無濾過生原酒」との表示がありました。

これって、日本語?

日本酒好きのなかには、ラベルだけでどんな製法で、どんな味わいなのか想像できる人もいます。たしかにラベルを読めるようになると、製法や味わいがわかるようになります。

私は日本酒居酒屋の店主、酒ソムリエとして日本酒に深く関わってきました。それでも、「おいしいお酒を飲むのに、この知識が必要か?」と聞かれたら、「そうでもない」と答えます。実際、私の店のお客様で、この「呪文《じゅもん》」を解読できる人は1割もいないでしょう。それでもみなさん、楽しくお酒を飲んでいます。ラベルがまったく読めなくても、おいしい日本酒はいくらでも飲めるのです。

ではラベルを読む知識がなく、知らない銘柄だけがずらりと並んだメニューを見て、どうやっておいしいと思える日本酒を選んだらいいのでしょうか？

それは、お店の人に選んでもらえばいいのです。ただし、「おいしい日本酒をください」と言うだけではぴったりのお酒は出てきません。日本酒の味わいはたくさんあるからです。スッキリしたお酒が好きな人も、しっかりした味わいのお酒が好きな人もいます。また冷酒か燗酒《かんざけ》かの好みもあります。

じつは、お酒選びは、恋人探しに似ています。「いい人、紹介してよ！」と言われても、どんな人が良いのかわからなければ、紹介のしようがありません。「おいしいお酒」も、おいしさのポイントは人それぞれなんです。

「異性の好みもよくわからないのに、酒の好みなんてわからないよ！」という人でも大丈夫。異性でも酒でも、好みのタイプを見つけるのに必要なのは「ときめき」と「コミュニケーション能力」です。

知識や情報は横において、「ときめいて、感じる」ところから始めましょう。そうしたら、相手のことをもっと知りたくなります。

「なんか日本酒って、難しいんだよね」と言われるのは、やたら専門用語が多いからなんです。「入門書」とある本でも、「特別純米とは」「日本酒度とは」と難解な解説が並んでいるものが多く、私が読んでも、理解できないところがあります（笑）。

本書は、入門書を読むまえに読む「超入門書」です。本書を読むと、専門用語を使わずに、自分がおいしいと思えるお酒に出会えるようになります。酒のプロに選んでもらうために必要なコミュニケーション能力もつきます。

同じ日本酒でも、飲む温度、季節、器や料理、相手や場所が変わると、まったく違う味に感じるのだから不思議。まさにそれが日本酒の魅力でもあるのです。

この本のなかで、さまざまなお酒の味わいや香りなどについて分類、説明していますが、それは私の主観に基づいたものです。参考程度にとどめていただき、実際に自分で味わってみてください。それこそが「本物の」味です。

いまは、日本酒が最高においしく、面白い時代です。この時代にめぐりあえたあなたは、超ラッキー！　さらに毎年、ブラッシュアップされ、進化しつづけています。世界でも、和食とともに日本酒が脚光を浴びるようになっています。もしちょっとでも日本酒に興味があるなら、まさにいまは追いかけるのにふさわしいときでしょう。

さあ、恋人探しの……いや、美酒を見つける旅に出発！

目次

第2章　日本酒をおいしく飲むために　37

第4章 さらに日本酒を知るために

日本酒って奥が深そうでとっつきにくいな…一体何から飲めばいいんだろう？
そこの新人くん酒ソムリエの私が日本酒のあれこれについて教えてやろう
ぱわわわん
え？ オレ、飲み過ぎた？
まぼろし？
ごしごし
さっそくだが、新人くんの好みのタイプを教えてもらえるかな？
ほんもの…？
ちょっと、そこのお嬢さんたち出ておいで～
はーい
はーい
はーい
好みのタイプって女の子のことっすか？
えっ

日本酒の４つの主要キャラ

私が所属している唎酒師《ききさけし》の団体ＳＳＩ（日本酒サービス研究会・酒匠研究会連合会）では、日本酒のタイプを香りと味の組み合わせによって、薫酒《くんしゅ》、爽酒《そうしゅ》、醇《じゅん》酒《しゅ》、熟酒《じゅくしゅ》の４つに分類しています。

日本酒の初心者には「なんのことやら？」ですよね。なのでこの本のなかでは、それぞれ薫《かおる》、凜《りん》、さち、玉代《たまよ》と呼ぶことにしましょう。この４人は、飲みたいお酒を探すうえでいちばん大切なキャラですので、しっかり顔と名前を覚えて

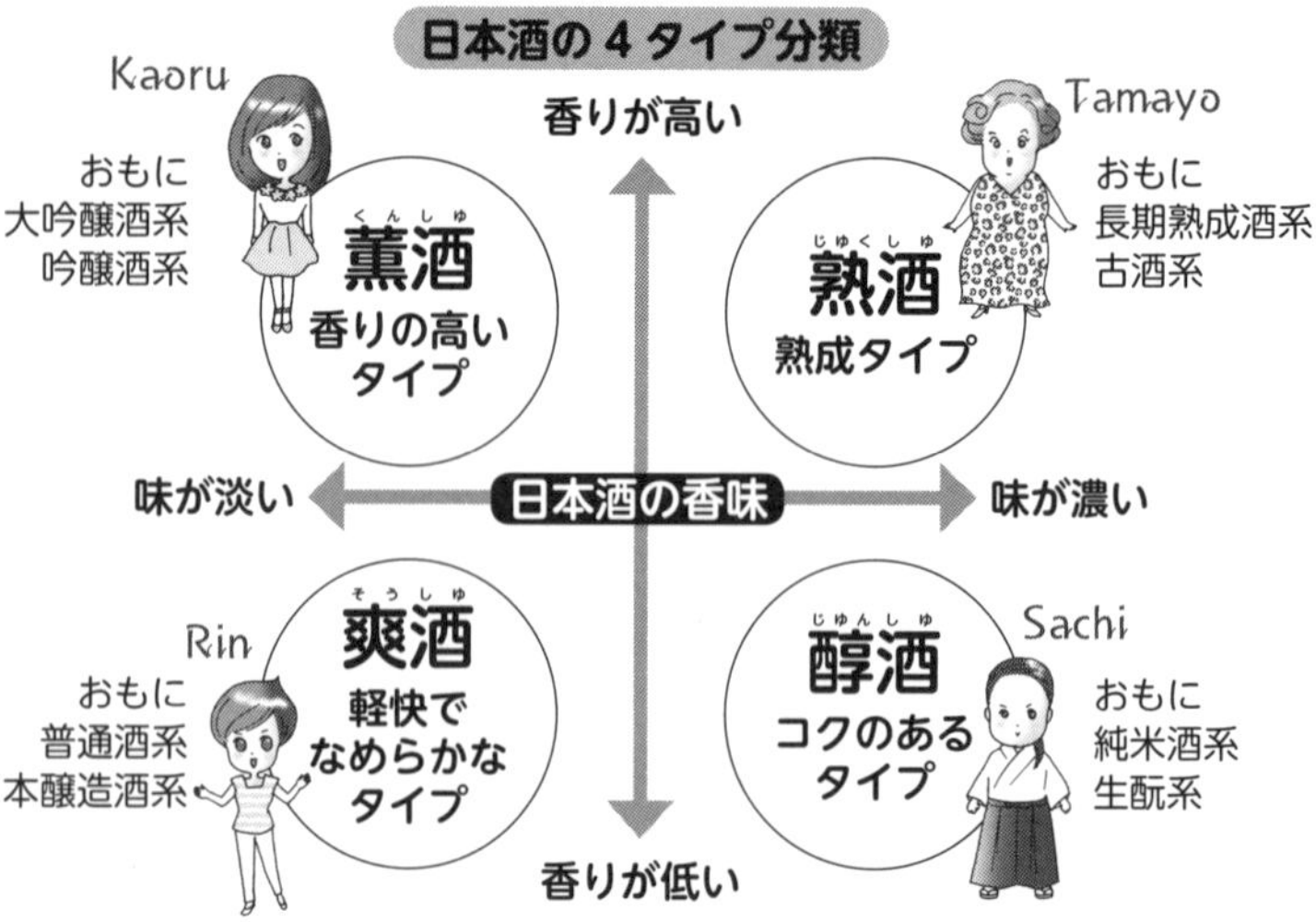

ください ね。お酒のタイプによっては少し姿が変わるときもありますが、それは第4章で紹介します。

たとえば店や酒屋で、「スッキリしたタイプの薫酒をください」「コクのあるタイプの醇酒が飲みたいなあ」などと頼むと伝わりやすいですが、初心者にはハードルが高いもの。そういうときは、このキャラを思い浮かべてみてください。

「スッキリしたフルーティーな薫系がいいかな」

「今日は、どっしりした、さちタイプのお酒を飲むぞ」

などと押さえておくと、お酒選びもスムーズになります。

すべてのお酒がこの4つのタイプに収まるわけではありませんし、薫酒＋爽酒などふたつのタイプの両方の特徴を持つ場合もありますが、おおまかに日本酒のタイプを理解するには参考になるはずです。

まずは、この4つのタイプから、自分好みのお酒を探していきましょう。

主要キャラ①

薫《くん》酒《しゅ》

ではこれから、４つの主要キャラがどんなタイプのお酒か紹介していきましょう。まずは、薫こと「薫酒」から。

薫酒は、言ってみれば正統派の清純なお嬢様。おしとやかなタイプが多いですが、最近はしっかり系もいたりします。

全般的に甘く華やかな香りが特徴です。

酒のタイプ

＊両方のキャラを合わせもつタイプも多い。
スッキリしてフルーティー（薫酒）。
スッキリ＋キレのあるフルーティー（薫酒＋爽酒）。
フルーティー＋しっかり（薫酒＋醇酒）。

香りの特徴

メロン、桃、洋梨といった、果実や花などの甘く華やかな香り。

味わい

澄んだきれいな味わい。比較的軽快なものが多いが、最近は濃厚な味わいの酒もある。

飲食店での傾向

「飲みやすいお酒」「甘めのお酒」と頼むと、すすめられることが多い。

若い女性に比較的好まれやすい。

普段、日本酒を飲まない人でも飲みやすいものが多い。

キーワード

フルーティー、上品、透明感がある、甘い。

温度帯

冷やしすぎると、フルーティーな香りを感じにくくなる。

温度が上がりすぎると、バランスがくずれる。

10~15℃あたりが適温。

総評

飲みなれない人にも受けやすい。海外の日本酒ブームを牽引《けんいん》するなど、現代のトレンドに合ったタイプでもある。

代表銘柄

獺祭《だっさい》、十四代、磯自慢、くどき上手、出羽桜《でわざくら》

比較的軽く、フルーティーな味わいのものが多いですが、香り・味わいともにさまざまな種類があります。

主要キャラ②

爽酒《そうしゅ》

「爽酒」は見た目のとおり、スッキリ爽やかなお酒です。凜みたいに、ボーイッシュでサバサバしています。

軽やかで飲みやすいものが多いですが、キレもあります。4つの分類のなかでは、いちばんよく見かけるタイプです。

酒のタイプ

スッキリ。
スッキリ＋キレがある。

香りの特徴

ひかえめで、フレッシュ感がある。

味わい

軽快でなめらか。淡麗でシンプルな味わい。万人に好かれやすい。

飲食店での傾向

「淡麗辛口」「スッキリしたお酒」と頼むと、すすめられる。
老若男女を問わず多く飲まれているが、強いて言えば、1980年代の淡麗辛口ブームを知っている年配の男性に好まれやすい。

キーワード

淡麗、辛口、スッキリ。

温度帯

キリッと冷やした5～10℃が理想的。
45～50℃あたりの燗酒《かんざけ》も、味わいにふくらみが出てよい。

総評

市場に出回る日本酒のなかで、もっとも多いタイプ。

代表銘柄

立山《たてやま》、久保田、菊正宗、越乃景虎《こしのかげとら》、阿部勘《あべかん》

さまざまな料理に合わせやすく、カジュアルに楽しめるタイプのお酒です。日本酒に慣れていない人にも飲みやすいものが多いでしょう。

主要キャラ③

醇酒《じゅんしゅ》

どっしりとして芯《しん》がしっかりした古風なタイプ。いわゆる昔ながらの大和撫子なお酒が醇酒です。

酒のタイプ

濃厚だけどフレッシュなタイプ。
ふくよかな味わいのタイプ。

香りの特徴

米を思わせる香り、クリームのような乳製品を思わせる香り。

味わい

充実した旨みを感じさせる、コクのある味わい。

飲食店での傾向

「どっしり系」「しっかり系」「コクのあるもの」と頼むと、すすめられやすい。

飲酒歴の長い人、日本酒通に好まれやすい。
昨今人気のある「無濾過《むろか》生原酒」（134ページ）もこのタイプが多い。
燗酒にされることも多い。

キーワード

どっしり系、しっかり系、パンチのある、クセのある、無濾過生原酒。

温度帯

濃厚だがフレッシュなタイプは冷やして飲むことが多く、10~15℃あたりがよいが、35℃の人肌燗《ひとはだかん》から40℃のぬる燗あたりもおすすめ。
ふくよかな味わいのタイプは常温からぬる燗、熱燗とぬる燗のあいだがおすすめ。

総評

昔ながらの日本酒らしいタイプ。伝統的かつ王道を行く。

代表銘柄

神亀《しんかめ》、大七《だいしち》、菊姫、秋鹿《あきしか》、玉川。

ふくよかでコクのあるタイプ、王道の日本酒が飲みたいときはいちばんおすすめです。

主要キャラ④

熟酒《じゅくしゅ》

熟酒は読んで字のごとし、言ってみればコテコテの「大阪のおばちゃん風」です。同じ熟酒でも比較的軽いライトなものと、熟成年数の長いヘビーなタイプに分けられます。

酒のタイプ

ライト（熟成年数が比較的若く、スッキリした味わいの古酒）。
ヘビー（熟成年数が比較的長く、どっしりした味わいの古酒）。

香りの特徴

ドライフルーツ、スパイスなど複雑性のある熟成香。

味わい

トロリとした甘味、ボリューム感のある旨み、力強い味わい。

飲食店での傾向

「熟成酒」「古酒」「クセのあるお酒」と頼むと、すすめられる。

個性が強く、好き嫌いがはっきりする。店によっては扱っていないところもある。たくさん飲むものではなく、少しずつなめながら味わう。

紹興酒が好きなら、合うことが多い。

キーワード

古酒、熟成酒。

温度帯

冷やさずに、常温から人肌燗あたりがいい。温度が高すぎるとバランスがくずれる。

総評

黄金色に輝き、希少性が高い。

代表銘柄

達磨《だるま》正宗《まさむね》、神亀《しんかめ》大古酒《だいこしゅ》。

口に含むととろっとして、味わいも濃厚。3年以上熟成させたものが典型的なタイプです。個性的で好き嫌いも分かれますが、少しずつじっくりと楽しめるお酒と言えるでしょう。

個性的なサブキャラ①

スパークリング

ここまで、日本酒の4つの主要キャラをご紹介しました。初心者なら、この4つを押さえるので十分ですが、じつは日本酒には個性的なサブキャラも存在します。

そのひとつが、「スパークリング」。泡雪《あわゆき》のようにはじけている元気系で、スポーツ万能で活発なタイプのお酒です。

スパークリングワインのようによく冷やして、炭酸の爽快感を楽しみます。

酒のタイプ

- **瓶内二次発酵**——できあがったお酒を瓶に入れ、そこに新たに酵母や糖を入れて封をしたもの。瓶内でさらに自然発酵する。要冷蔵と常温保存可がある。
- **活性にごり**——にごっているタイプの酒。粗い濾過しかせず、もろみの状態（菌が生きて発酵している状態）で瓶に詰めたもの。要冷蔵。
- **炭酸ガス注入**——できあがったお酒に炭酸ガスを注入して、シュワシュワ感を演出しているもの。常温保存可。炭酸ガスを入れる加減にもよるが、発酵とはまた違った炭酸の刺激を感じる。

香りの特徴

甘くフルーティーなものと、香りひかえめなタイプがある。

味わい

爽快な発泡感が特徴。
甘く飲みやすいタイプと甘さを抑えたドライなタイプがある。

飲食店での傾向

「スパークリング」「シュワシュワ系」と頼むと、すすめられる。
開栓《かいせん》すると炭酸が抜けるので、瓶売りが多い。1升瓶のスパークリングもあるが、噴きだす場合があるので開栓に注意が必要。
記念日などお祝いの席で、最初の一杯に選ばれることも多い。

キーワード

シュワシュワ、アワアワ。

温度帯

フルーティーなタイプなら10〜15℃。
ドライなタイプなら、5〜10℃。

総評

最近確立された新しいタイプの酒。海外でも部分的に流通している。

代表銘柄

獺祭、愛宕《あたご》の松、すず音《ね》。

アルコール度数が低めのものが多く、口あたりもやわらか。スタイリッシュなデザインで、若い女性にも人気があります。

個性的なサブキャラ②

白ワイン系

主要キャラ、サブキャラと合わせてもっとも異色なのが「白ワイン系」と呼ばれるタイプです。イメージは陽気で明るく、ワインにもくわしい一方で日本文化にも精通している金髪のハーフといったところ。比較的最近、登場した新しいタイプのお酒です。

酒のタイプ

やや甘味と旨みのあるタイプ。
甘味、旨みを抑えたドライなタイプ。

香りの特徴

レモンやグレープフルーツ、すだちなど柑橘系の爽やかな香り、ハーブの香り。

味わい

爽快な白ワインのような味わい。甘味、旨みがあるタイプは食中酒として飲まれる。
ドライなタイプは最初の一杯に向いている。
酸は感じるが、すっぱいわけではない。

飲食店での傾向

「白ワイン系」「酸の強いタイプ」と頼むと、すすめられる。
おしゃれなラベルが多く、見た目もワインっぽい。
流行に敏感な女性に人気がある。
銘柄によっては、入手困難。

キーワード

白ワイン系、和製シャブリ。

温度帯

冷やしすぎると香りを感じにくくなるので、10〜15℃あたりが良い。

総評

昔はなかったタイプで、いま、もっとも注目されているひとつ。

代表銘柄

醸《かも》し人《びと》九平次《くへいじ》、新政《あらまさ》、澤屋まつもと、伯楽星《はくらくせい》、東《あずま》一《いち》

どのタイプも爽やかな酸を感じますが、ドライなものと甘味・旨みがあるものとでは印象が変わります。

少しずつ、いろいろなお酒を飲んでみよう

これで、本書に登場する日本酒のキャラが出そろいました。なんとなくイメージできたでしょうか？　これからは実際に飲んでみましょう。

よくお店で、「どんなお酒が好みですか？」と聞くと、「う～ん」と言葉がつまってしまう人がいます。そういう人は、次のどれかということが多いものです。

・まだ自分の好みの酒が探しきれていない。
・好みの酒が何か、とくに考えたことがない。
・どんなタイプの酒でも飲める。

反対に自分の好みがはっきりしていて、いつでもどこでも同じタイプを飲む人や、私のようにＴＰＯに合わせて飲む人もいます。

何がなんでも自分の酒の好みをはっきりさせる必要はありませんが、とくに初心者は店や酒屋で選びやすいように、好きな傾向を知っておくのはよいでしょう。

ではどうやって、その傾向を知ればよいでしょうか？

前提として、やはり、場数を多く踏むことは必要です。つまり、量を多く飲むというよりは、種類を多く飲むことです。

そういう意味では、少しずついろいろ飲める「唎酒セット」がある店は初心者にありがたい存在です。たいてい爽酒、薫酒、醇酒といった、違うタイプのお酒のセットになっているので、好みのお酒を探しやすいかもしれません。

気に入ったお酒があれば、店員に「このお酒を言葉で表現すると、どのように言えばよいですか？」と聞いてみてはいかがでしょうか。その答えを覚えておいて、次回違う店で注文して同じタイプのお酒がきたら、それが好みの味と言えます。

おいしいと思ったお酒の銘柄をメモしておくのもおすすめです。そして、飲食店や酒屋で、「○○というお酒がおいしいと思ったのですが、近いお酒はありますか？」とたずねてみましょう。そうすれば、その味に近いお酒が出てくると思います。

「少しずつ多くの種類を飲む」「おいしいと思ったお酒の銘柄をメモしておく」「おいしいと思ったお酒の表現を店や酒屋に聞いてみる」

この3つのポイントで、好みの酒に出会う確率が高まるでしょう。

キレと旨み、どっちが辛口？

お酒の表現でよく使われる「辛口」という言葉は、じつはけっこう難しい表現だったりします。

ビールのように「ドライ」と言ったほうが、イメージしやすいかもしれません。ビールの場合は、アルコール度数を少し高めにして、キレのある後味とのどごしの良さを特徴としたものです。

このドライビールの味わいが、日本酒の辛口の正体の一部と言ってもいいでしょう。日本酒にも、スッキリしてのどごしがよく、キレの良いお酒があるのです。

これがまさしく辛口のお酒になります。６つのどのタイプにもありますが、とくに爽酒（凜）タイプには多く見られます。

けれど、辛口の日本酒のなかには、旨みを強く感じる醇酒（さち）タイプのお酒もあります。いわゆる味わいの濃いお酒です。旨みと甘味は混同されやすいのですが、日本酒が辛口か甘口かどうかの判断は、日本酒のなかの糖分の割合に基づいています。その「日本酒度」と呼ばれる目安については第４章（１３０ページ）で取りあげます。

つまり、辛口とは

「スッキリして、のどごしが良く、キレのあるお酒」

「しっかりして、旨みがのった、甘くない日本酒」

の両方にあてはまるのです。

ただ、多くの人は辛口と言えば、前者の味わいを指すのがほとんどです。店でお酒を注文したり、酒屋さんでお酒を買ったりするときは、

「スッキリとした辛口の日本酒」

「しっかりした味の辛口の日本酒」

のどちらがほしいかを、伝えるといいでしょう。

高価なお酒のほうがおいしい？

高価なお酒のほうがおいしいというのは、まったくの誤解です。そもそもお酒の値段は、原料の米の値段と、製造コストに比例します。

高価な酒米《さかまい》（酒造りに使われる米）を、たくさん「みがく」ようなお酒は、必然的に値段が高くなります。これはやむを得ません。

「みがく」とは、米を「削る」ことです。日本酒の原料となる米は、心白《しんぱく》と呼ばれる米の中心部を使います。それによって雑味の少ないお酒となるので、精米は欠かせません。精米歩合30パーセントのお酒だとしたら、米の外側を70パーセントもみがいた贅沢なお酒ということになります。手間もかかりますので、みがきの多いお酒（精米歩合が低いお酒）は一般的に高価になります。みがきについては第４章（１２１ページ）でまたお話しします。

ですが、そのようなお酒がおいしいかどうかは嗜好《しこう》に関わるので、安くてもおいしく感じるお酒はいっぱいあります。

米の表面にある雑味成分を削っていけば、透明感のあるスッキリした味わいになりますので、薫酒（薫）タイプが飲みたいときにはいいでしょう。

反対に、旨みがあってどっしりしたコクのある醇酒（さち）タイプがいいなら、精米歩合が低いほうが好みに合うかもしれません。

精米歩合は、あくまで米をどれくらい削っているかを表しているだけです。それにまどわされずに、自分がおいしいと思うお酒を選びましょう。

信頼するのは
酒の値段ではない
自分の舌なんじゃ

酒は人生のドラマに、そっと寄り添う

大きな悲しみに直面したとき、お酒が癒やしになることがあります。

これは私の店で実際に起きた話です。

田中さん（仮称）という方から3名で予約をいただきましたが、前日にキャンセルがはいりました。理由を言われることもなく、そのままキャンセルを受けました。

ところが当日になって、田中さんからやはり行きたいという連絡があったのです。すでに満席でしたが、なんとかしてあげたいと思い、田中さんの席をつくりました。ただ気になったのは、予約が2名に変わっていたことでした。

来店された田中さんは70歳前後の男性で、お連れの方も同年配の女性だったのではじめはご夫婦と思いました。

二人は神妙《しんみょう》な面《おも》持《も》ちで、小声で話していました。やがて、おすすめのお酒が欲しいと頼まれたので、好みを聞いて神亀の純米の冷やをお出ししたのです。

「おいしい」と言ってくださいましたが、あまり時間がないこともあるのか、二人ともあまり飲まれません。

そして会計のときに、男性が悲しそうな顔で話しかけてきました。

「じつは、妻が数日前に突然、亡くなりまして、ほんとうは3人で来る予定でした

が、今日は姉に話を聞いてもらいたくて……」男性は嗚咽《おえつ》を漏《も》らしながら、精一杯の声でそう伝えてくれました。その後、お姉さんが、「何を言っているの?」という雰囲気で男性の手を引っぱって出ていきました。

私は呆然としました。そのとき目にはいったのは、棚にあった、まだ封を切っていない神亀の純米でした。とっさにこの酒を持ち出し、無我夢中で田中さんを追いかけたのです。

田中さんに追いつき、息を切らしながら「このお酒を、奥様と一緒に……」と言いましたが、私も涙声でちゃんと伝えられません。

お酒を受け取った田中さんはその場で泣きくずれ、私も涙目のまま寄り添うしかありませんでした。お姉さんが代わりに「ありがとうございます」と言って、弟さんの肩を抱くようにして、お帰りになりました。

二人の後ろ姿が見えなくなるまで、私は見送りました。

それから半年後、田中さんがまたお姉さんと来店し、「神亀の純米を冷やでください」と注文されました。その声が、前回とは別人に思えるほど元気になっており、ほっとしたのです。

人生はドラマです。それぞれの人にドラマがあります。ときには受け入れるのがつらい出来事もあるでしょう。お酒はそのような一場面にそっと寄り添って、ときには癒やしてくれる名脇役でもあるのです。

第2章

日本酒をおいしく飲むために

飲みたいお酒を伝えるには？

日本酒の味わいは多種多様、その表現の言葉も「ふくよか」「爽やか」「スッキリ」「コクのある」など、多岐にわたっています。日本語は表現豊かですので、似たような味でも言い方はさまざまです。

どう言っていいかわからないとき、どうすれば飲みたいお酒を伝えられるのか？　次のふたつのポイントを押さえ、それぞれの好みを伝えればいいのです。

・味わいの強弱。
・香りの種類と強弱。

といっても、はじめて頼むときにはとまどいますよね。では簡単に説明していきましょう。

味わいの強弱はわかりやすいですよね。**軽め、しっかり、どっしり**などです。

香りの種類には、**果実香、ハーブ香、穀物香、熟成香**の４つがあります。

果実香とは、文字どおり、フルーツっぽい香りのことで、メロン、桃、洋梨といった甘い果実を思わせるものが多いです。

ハーブ香は、ハーブ類や笹の葉、すだちなど、爽やかで、すがすがしい香りです。

穀物香は、おもに日本酒の原料である米の香りがするお酒で、炊きたてのご飯のようなふくよかな香りが楽しめます。

熟成香は、長期熟成したお酒や古酒に発生する独特の香りで、カラメルや紹興酒のような香りが特徴です。保存方法が悪く、劣化してしまったお酒にも香りがしますが、それは老香《ひね》といっていやな香りです。

注文の目安になる味わいと香りのキーワードをあげてみます。味わいを説明する表現として、ワインと同様に「ボディ」も使われます。ライトボディは味わいが軽くスッキリしたタイプを、フルボディは力強く濃厚な味わいのタイプを表します。

味わい

・弱　軽やか、軽快、スッキリ、ライトボディ。

・強　しっかり、どっしり、コクがある、フルボディ。

香り

・果実　バナナ、メロン、桃、洋梨、すだち、りんご
・ハーブ　青竹、笹の葉、すだち、かぼす、ハーブ類
・穀物　米、炊いたご飯、生クリーム
・熟成　カラメル、紹興酒、ドライフルーツ、シナモンやグローブなどのスパイス

たとえば、フルーティーな香りで軽やかなお酒が飲みたければ、「味わいは軽めで、果実の香りがしっかりするもの」と頼んでみましょう。

あるいは、コクがあるタイプでちょっと米の香りがするお酒がいいと思えば、「味わいはしっかりで、穀物の香りがややひかえめにするもの」という感じです。

お酒だけで飲む機会は少なく、たいていは料理と一緒に味わうことが多いでしょう。料理や誰と一緒に飲むかでも、お酒の感じ方は変わります。

それでも、「味わい＋香り」で選ぶことで、おおまかに飲みたいお酒がわかると思います。

店探しは目的を明確に

「あ～、おいしい日本酒が飲みたい！」と思ったときに、みなさんはどういう店に足を運ぶでしょうか？

知識がなくても、おいしいお酒を飲ませる店を見つけるコツがあるのです。

まず、「日本酒がおいしい店」といっても、いろいろあります。料理、予算、人数、利用目的など、選ぶ際の条件もさまざま。ちょい飲みか、しっかり飲みたいかによっても変わるでしょう。初めに、どのような条件で店を探しているか、明確にすることです。

たとえば、

・男性ばかり4人で、クライアント接待がメイン
・久しぶりに集まった30代の女性グループ
・食事をしながら少しだけおいしいお酒が飲みたい60代の夫婦

では、選ぶ店も違ってきますよね。店側がすすめるお酒も変わります。

目的が明確になれば、探すときのキーワードも

・日本酒×落ち着いた雰囲気
・日本酒×接待
・日本酒×個室
・日本酒×和食

など、より具体的になっていきます。

さらに、探す時間がどれくらいあるかも関係します。利用する日が今日ということなら、短時間で見つけなければならないし、1カ月後ならば、じっくり探すこともできます。

店を探すまえに利用目的をはっきりさせる。それがいい店を見つける第一歩です。

今日は
「日本酒×2人×料理がおいしい」店で
キメルぞ！

店からの情報をチェックする

利用目的を決めたら、実際にお店を探してみましょう。

日本酒にこだわらなくても、みなさんは初めての飲食店をどのようにして見つけますか？

・ネット検索
・雑誌・ＴＶなど、メディアの情報をもとに探す
・信頼できる人からの紹介

あたりでしょうか。

手っ取り早いのは、ネット検索でしょう。

「エリア　日本酒」
「料理名　日本酒」

で検索すれば、たくさんの店がヒットします。検索で上位にくるのは、ＳＥＯ対策がしっ

かりしているグルメサイトです。点数や口コミを掲載しているグルメサイトもあるので、参考にするのもいいでしょう。ただ、グルメサイトだけで、本当に日本酒にこだわっているかどうかまでを判断するのは難しいので、あくまでも参考程度です。

もう少し踏みこんで、利用目的も一緒に検索キーワードに入れると、より具体的な店を見つけやすくなります。

「新宿　日本酒　接待」

「渋谷　日本酒　デート」

などです。

検索して出てきたなかで、ホームページがある店は期待できます。グルメサイトは同じフレームを使うので、写真や字数に制限があります。「こだわり」をうたっていても、どれほどなのか判断しにくいものです。

その点、自店のホームページなら、とことんこだわりをのせることができるので、より伝わりやすいでしょう。更新頻度が高ければ、さらによし。ホームページでなくても、フェイスブックやブログで独自の情報発信をしている店も期待できます。

メディアの情報・紹介による店探し

おいしい日本酒が飲める店を探すときに、雑誌・ＴＶなどメディアの情報をもとにする、あるいは信頼できる人からの紹介という方も多いでしょう。

最近は、さまざまな雑誌で日本酒特集が組まれているので、そこに掲載されている店をチェックするのもいいと思います。雑誌だけでなく、書店の実用書コーナーに並ぶ日本酒の関連書から情報を得ることもできます。

メディアの情報をもとに探す場合のポイントをいくつかあげましょう。

◎広告掲載に注意する

雑誌で紹介されている店のなかには、広告費を払って掲載されている場合もありますので、メディア側が選んだ優良店なのか店側からの広告による掲載なのかを見きわめることが必要です。最初は難しいかもしれませんが、雑誌・書籍の情報は広告掲載もあることを頭に置いて、参考程度にしておくことです。

同様に、ＴＶで紹介された店がすべていい店とはかぎりません。やはり情報は鵜《う》呑みにせずに参考と考えておきましょう。

◎信頼できる人からの紹介

初心者の方の店選びで確実なのは、「信頼できる人からの紹介」です。大切なのは、「信頼できる」ということ。ふだんから食やお酒にこだわりのある人なら、ある程度信頼できるはずです。

「こだわりのある」とは、「食とお酒にしっかりお金をかけている」とも言えます。あたりまえですが、食とお酒に経験値が高い人ほど、店選びの引き出しをたくさん持っています。

経験値が高ければ、料理や予算、シーン別の対応にも具体的なアドバイスが出てくるでしょう。

杉玉はアタリの予感

さて、無事によさそうな店を見つけたら、意を決してなかに入ってみましょう！

店の外観でも、日本酒にこだわりがあるかどうかはチェックできます。

まず、店の前に杉玉を飾っていたら期待大です。杉玉（酒林とも言います）というのは、日本酒の蔵元の軒先《のきさき》に吊るす、杉の葉で作ったボール状のものです。

10～11月の新酒ができあがってくるころに、蔵元は新しい緑色の杉玉を吊るします。これは新酒ができたことを知らせるためです。そして、お酒も時がたつと熟成していきます。1年たって、秋のお酒が出回るころには前年のお酒もまろやかになって、円熟味を帯びてきます。緑色だった杉玉も枯れていき、茶色になっていきます。

茶色の杉玉は、お酒が熟成したことを知らせています。色の変化が、お酒の熟成の変化とリンクしているのです。杉玉を毎年、交換している店は、やはり日本酒にこだわっていると言えるでしょう。

また、店の前にお酒の空瓶を飾っているところもあります。日本酒へのこだわりをアピールするには、もってこいです。けれど管理が悪く、空瓶が汚れていたり、ラベルが色あせたままになっている店は要注意です。

店の前に酒樽を飾ってあるのも、こだわりの店であることが多いもの。酒樽は、結婚式の披露宴やスポーツの祝勝会などでの鏡開きが有名ですよね。鏡開きには「鏡」を開くことで「運」を開くという意味があって縁起が良く、喜びの席にぴったりな趣向です。

このように、縁起の良いときに飲むお酒が樽酒です。大きさにかかわらず、酒樽を店の前に飾っているのは、日本酒にこだわりがあると思っていいでしょう。

店の外観だけでも、チェックポイントがけっこうあるものです。

こだわりのある店のポイント

店内にはいらないとわからない部分もありますが、日本酒にこだわりのある店は随所にそれが現れています。日本酒居酒屋の店主の立場から、その見きわめのポイントを説明していきましょう。

◎容量と値段が明確に書いてある

日本酒のメニューを見ると、値段しか書いていないところがたまにあります。これでは、180㎖なのか120㎖なのか、わかりません。容量がわからなければ、自分がどれくらい飲むのか把握できず、まして、安いのか高いのかもわかりません。

もちろん、飲食店側も値付けの仕方はいろいろあります。客単価の低い店は、お酒の値段設定を安くします。客側にとっては、多くの種類を飲むことができます。店側もお酒の種類を増やすことができ、お酒の回転率も上げられます。

逆に客単価の高い店は、お酒の値段設定もやや高めです。それは空間の居心地のよさや、高価な酒器を使って付加価値を高めているからです。そんなにたくさんは飲まないけれど、雰囲気よく飲みたい人にはいいでしょう。店側にとっては、お酒の回転率は下がるけど、種類を厳選し、高価なお酒も扱うことができます。

非日常的空間で飲むお酒はやはり格別に感じます。プレミアムなお酒はやはり、プレミアムな雰囲気でゆっくり飲みたいものです。

◎お酒の種類がたくさんある

日本酒の初心者のうちは、たくさんの種類のお酒を飲んで、自分の好みを探ることが大事です。そのためにも、店側がどれだけ種類を多く持っているかは大切です。

また、同じ銘柄でも「生酒」と「火入れ」（134ページ）があったり、今年のお酒と去年のお酒を比べることができる店も種類が多いと言えるでしょう。

さらに、ホームページにのせているメニューで、更新が追いつかないくらい、お酒の回転が早い店もあります。そういう店では、「今日、新しく入荷したお酒があるのでおすすめします」と教えてもらえたりします。ホームページでのメニューが少なくても、「その他、たくさんのお酒があります。お気軽にお問い合わせください」と書かれていれば、種類が豊富な可能性が高いでしょう。

ただし、まどわされてはいけないのは、

「お酒の数がたくさんある」

「有名銘柄を扱っている」

ことを、ことさらアピールしているところです。

ちょっと矛盾しますが、日本酒にこだわれば自然に扱うお酒の数は増えますし、自然に有名銘柄も扱うようになります。別に大きな声でアピールすべきところではありません。とくに本数が増えれば、それだけ管理能力を問われます。デリケートなお酒は変化も早く、気がついたら味が変わっていた!?なんてこともあるからです。

また、こだわれば有名銘柄を扱うこともあるでしょう。だけど無名の銘柄でもおいしいお酒はいっぱいあります。有名・無名を問わず、きちんと平等に扱っている店は信頼できます。こだわるというのは、本数の多さを自慢することではありません。まして、有名名柄をどれほど持っているかでもありません。

それよりも、お客様が求めているお酒を的確に提供してくれることのほうが重要です。

有名銘柄を飲んでステイタスを感じたい人もいれば、あまり知られていない銘柄でおいしい酒を探すことに情熱を傾けている人もいます。客側の要望をくんでお酒をすすめてくれる店を選びましょう。

◎1合より小さいサイズで注文ができる

1合、つまり180㎖よりも小さいサイズで注文できる店はこだわりを感じます。とくに一人で店に行って、種類を多く飲みたいときには、1杯あたりが少ないほうがありがたいもの。

1人あたり2合飲むとして、1合サイズ（180ml）だと2種類しか飲めませんが、120mlなら3種類、90mlなら4種類のお酒を飲めます。初心者にとっても、量が少ないほうが多くの種類の試し飲みができますのでおすすめです。

初心者でなくても、魅力的な品ぞろえなら、やはり種類を多く飲みたいもの。そういう点でも、1杯あたりの量が少ないとうれしいですね。

◎禁煙・分煙をアピールしている

お酒の香りはデリケートです。せっかくのお酒の香りが、タバコの煙でわからなくなってしまいます。もちろん、料理の香りもです。

日本酒にこだわるうちに、自然と禁煙・分煙が必要になってきます。最近は、完全に禁煙の店も増えてきているので、予約時に確認するようにしてください。仮に喫煙者だったり、喫煙者と一緒に行くようなら、店内は禁煙で、店外に灰皿を用意してくれている店がいいでしょう。

タバコだけでなく、香水も問題です。タバコと同様に、香水の強い香りは、お酒の香りとぶつかります。日本酒にこだわる飲食店に行くときは、香水は必要最低限に抑えておきましょう。

日本酒にこだわっている店のポイントをまとめてみました。ポイントがわかれば、初心者の方でもよい店を探しやすくなります。

メニューを読むより相談しよう

さて、いよいよ、お酒選びです。

きっとメニューには、ずらっと日本酒の銘柄が書いてあるはずです。くわしい説明つきのものもありますし、店員さんが直接説明してくれる場合もあります。

ちなみに、私の店のお酒のメニューはこんな感じです（左ページ）。これは一部ですが、お客様とコミュニケーションをとりながら飲みたいお酒を選べるように、あえてお酒の説明は入れていません。

銘柄に「吟醸」「大吟醸」「純米」などがついているお酒が多いですが、意味がわからなくてもなんの問題もありません。

知っている銘柄があれば、それを注文してもよいですが、ここは新しいお酒との出会いを楽しみましょう。

ここで14ページのキャラを再チェック。今日飲みたいのは、フルーティーな香りで軽やかな薫酒（薫）タイプでしょうか？ それとも、すっきりした爽酒（凜）、あるいはふくよかでコクのある醇酒（さち）のようなタイプのお酒でしょうか？

まず、なんとなくでいいので、今日の気分で飲みたいイメージを決めておくと、スムーズに注文しやすいでしょう。

日本酒にこだわっているお店であれば、「この料理に合う日本酒はなんですか？」とか、「スッキリした日本酒が好みです」とか、「普段は○○というお酒が好きなんですが、それと似たようなお酒はありますか？」といった、特定の銘柄を指定しなくても、きちんとお客様の要望に合ったお酒をセレクトしてくれるお店は

【今が旬な日本酒】 グラス（半合）正一合

満寿泉	特選大吟醸	（富山）
満寿泉	純米	（富山）
手取川	純米	（石川）
花邑	純米吟醸	（山形）
豊香	純米生	（長野）
東一	純米	（佐賀）
大信州	純米吟醸	（長野）
大信州	大吟醸	（長野）
誠鏡	純米吟醸生	（広島）
誠鏡	純米	（広島）
磯自慢	純米吟醸	（静岡）
幻	純米大吟醸	（広島）
星自慢	特別純米生	（福島）

安心できます。

お店の人が、その日のおすすめ料理に合った日本酒を説明してくれるお店もいいですね。

「いまご注文されたお料理なら、このお酒が合いますよ。普段は冷酒で出しているのですが、これをぬる燗ぐらいに温めてもおいしく飲めますよ。いかがでしょうか?」

と提案されたら、ワクワクしてきます。

自分で選んでみよう!となれば、キャラのイメージを浮かべながら、飲みたいタイプを探してみましょう。

「和《やわ》らぎ水」の大切さ

さて、無事にお酒が出てきました。

「あとは飲めばいいんでしょ？」。もちろん、そうです。でも、ちょっとだけ待ってください。

お酒は、各蔵元さんが丹精込めて造ったものです。だから、一本一本に物語があります。もし、お酒にまつわるエピソードをお店が教えてくれたら、「このお酒は、そんな想いで造られているんだ」と思うと、親しみもわいてきませんか？

お酒の味は、舌で感じる以外に、造り手の想いを知って感じるおいしさもあるのです。そのような想いを感じるためにも、お酒を飲むときは、水も一緒に飲みましょう。これはとても重要です。

水を飲むことで体のアルコール濃度が薄まり、酔う速さもゆるやかになります。また、次のお酒を飲むまえに口のなかがリセットされるので、舌の感覚も鈍りにくく、お酒の味を楽しめます。

こういう日本酒の合間に飲む水を「和らぎ水」と言います。

とくに日本酒の初心者は、銘柄を覚えたいがために、ついつい量を多く飲みがちですので、何も言わなくても和らぎ水が出てくるのは、間違いなくいいお店です。

たまにレモン水のような柑橘系の香りがついているところもありますが、日本酒を飲む場合は、香りがないほうがお酒の味や香りを邪魔せずによいでしょう。ふつうのミネラルウォーターが最適です。

さらに仕込み水（お酒を仕込むときに使う水）を扱っていれば、お店のこだわりを感じます。ただ、常に仕込み水を置いているお店はとても少ないと思われます。

仕込み水は基本的に生水（塩素消毒をしない水）なので、劣化が早く、常温保管ができません。冷蔵庫に入れるとなると、お酒のスペースに水を置くことになるので、そんなには仕込み水を抱えることができないのです。

仕込み水のあるお店に出会ったら、お酒にも相当なこだわりがありますので、幸運を喜びましょう。

「盛りこぼし」はやめましょう

店によってお酒の出し方のスタイルもさまざまですが、酒器にこだわりがあるのもいい店です。安っぽいグラスに入れるよりは、雰囲気のいい酒器で飲みたいものですね。

酒器については、第3章の「酒器の選び方」（101ページ）でまたお話ししましょう。

ここでは、枡《ます》や皿にグラスを入れ、お酒をなみなみと枡や皿にまで注いであふれさせる「盛りこぼし」について取りあげます。

「盛りこぼし」は「盛り切り」「もっきり」とも言います。最近は減りましたが、たくさんあふれさせてくれるといいお店と考える方もいるでしょう。

けれど、お酒の出し方としてはNGだと思います。

まず、枡の四隅はどうしても汚れが落ちにくいので不衛生になりがちです。

さらに、ぎりぎりまでつがれているのでグラスを持ちあげてはお酒がこぼれてしまいます。そうなると、グラスを置いたまま口を近づけるしかなく、見た目にはよい光景ではありません。女性なら、なおさらやりたくないでしょう。

「盛りこぼし」は日本酒独特のもので、伝統的な飲み屋さんでは定番のスタイルでした。昔は1合（180㎖）でお酒を提供しており、グラスの下に枡や皿を置いて酒量を調整したのが始まりとされています。

いまでも、こぼすことを店側の心意気として要求する人がたまにいますが、ちょっとどうでしょうか。

丁寧に造られたお酒の繊細な味わいは、きちんとした酒器で楽しんでいただきたいものです。

お酒をあふれて注ぐのが
よい店というわけではないぞ

4合と1升瓶、どっちがお得？

これまでは日本酒居酒屋を中心に、自分好みのお酒の探し方・頼み方についてお話ししてきました。

店でおいしいお酒に出会ったら、今度は自分で買って、自宅で飲んでみたいもの。店で飲むのもおいしいですが、自宅で飲むのも楽しいものです。

なにより、安くつくというメリットがあります。また、友人や大切な方にお酒をプレゼントしたいときもあるでしょう。

みなさんは、どういう酒屋で日本酒を買いますか？　どこで買っても同じと思っていますか？

酒屋についてお話しするまえに、お酒の基本的な容量をご存じでしょうか？

お酒の容量にはおもに以下のものがあります。

ワンカップ（１８０㎖）

３００㎖瓶
２合瓶（３６０㎖）
４合瓶（７２０㎖）
１升瓶（１８００㎖）

ワンカップ、２合瓶、３００ml瓶はすべての蔵元が造っているわけではないので、おもな容量と言えば、４合瓶と1升瓶になります。１升＝10合ですので、４合は半分以下の容量です。

ですが、４合は1升の半分の値段になっています。たとえば、１升瓶で３０００円のお酒は、４合瓶で１５００円となります。

コストパフォーマンスだけで考えると、１升瓶のほうがお得ですが、１升瓶は重くてかさばります。また飲みきるのにも時間がかかるでしょう。

1日に1合ずつ飲むとして、４合瓶なら4日で飲みきれますが、１升瓶となると10日かかります。しかも毎日飲みつづける前提ですから、そうしなかったら、もっと時間がかかります。

1カ月以上かかるのであれば、酒質が変化する可能性もあるので冷蔵庫のスペースを確認する必要があります。

さらに既婚の方は、パートナーとも相談する必要がありますね。とくに相手が飲まないと、冷蔵庫のスペースは喧嘩の原因にもなります（笑）。

1升瓶はお得だけど、場所をとり、飲みきるのに時間がかかる。

4合瓶は割高だけど、スペースは少なくてすみ、早く飲みきることができる。

これは悩みどころです。

お酒を買うまえに、まずどれくらいのペースでどれくらいの量を飲むか、考えてみましょう。

お酒を買うまえに
自分の酒量のペースを
考えるんじゃ

デパートの酒売り場は初心者の味方

日本酒の初心者にとって、酒屋でお酒を探すのは意外にハードルが高いようです。たしかにこだわりがある酒屋であるほど、何を聞いたらいいいか、気後れしてしまうかもしれません。

初心者の方は、まずはデパートの酒売り場に行くことをおすすめします。デパートでは、売れ筋の商品を全国から探してきているので、ある程度クオリティの高い商品が陳列されているはずです。

また、お酒にくわしいスタッフもいますし、蔵元が試飲販売をしているときもあります。試飲しながら選べるのは、好みのお酒に出会える可能性が高まりますので、ねらい目です。

デパートの催事で、地方の特産品のフェアを開催しているときもあります。たいてい、ひとつかふたつは地元の蔵元も来ている可能性があるので、のぞいてみるのもいいでしょう。大都市では手にはいりにくい地酒を扱っていることもあります。

遠方の地域のお酒を探すということでは、インターネット購入もお手軽でしょう。おいしいお酒に出会ったら、まず検索すれば、蔵元の情報だったり、そのお酒を扱っている酒屋のホームページが出てくるはずです。蔵元直送も含めて、全国からおいしいお酒を取り寄せることができます。

ただし、インターネット購入はすでに飲んで気に入った商品に限ります。ある程度知識があれば、ネット上で好みの酒を見つけ出すことも可能ですが、初心者のうちは買うまえに飲むことをおすすめします。そういう点でも、デパートの酒売り場の試飲販売は初心者に心強い場なのです。試飲して気になるお酒があれば、それを扱っている蔵元や酒屋で情報をチェックするといいでしょう。

蔵元が来ていたら
気になるお酒について
聞いてみるのじゃ

地酒専門店に行ってみよう

酒屋のなかでもとくに日本酒に力を入れている酒屋を地酒専門店と言います。日本酒を買うなら、地酒専門店がおすすめです。きっと、所狭しと日本酒を置いてあるに違いありません。

以前飲んだお酒で、気に入ったものを買ってもいいし、何を買ったらいいか酒屋に相談することもできます。

似た味わいのお酒がほしければ、前出でも説明したとおり、「○○を飲んでおいしかったのですが、それに近いお酒はありますか?」と聞いてみましょう。

はじめのうちは、酒のプロと相談しながら買うのがハズレを引かない方法です。ただし、ちゃんと相談にのってくれる酒屋にするのがポイント。いくらいいお酒がそろっていても、アドバイスをしてくれなければ、残念ながら、いい酒屋とは言えません。

また、気になったお酒をその場で試飲させてくれる酒屋もあります。すべてのお酒を試飲できるわけではありませんが、聞いてみるといいでしょう。快く受けてくれたら、いい酒屋です。

もし気に入った酒屋ができたら、頻繁《ひんぱん》に通って、仲良くなりましょう。酒屋さんだって人の子です。何度も通ってくれる常連には、いい加減なお酒はすすめません。さらに、特別なお酒を出してくれる可能性だってあります。お酒や蔵元の情報などをくわしく教えてくれるはずです。

ですので、地元でなじみの酒屋をつくることをおすすめします。

また、「お酒のイベント」（70ページ）でくわしく紹介しますが、地酒専門店のなかには、試飲会を定期的に行っている店もあります。蔵元を呼んで開催したり、酒屋だけで開催したりするなど方法はさまざまです。

蔵元のこだわりや銘酒を気軽に体験できるこのようなイベントに力を入れている店も、よい酒屋のひとつと言えるでしょう。

スーパーやコンビニ、量販店で買うときは

気軽に立ち寄れるためか、スーパーやコンビニ、ディスカウントストアのような量販店でお酒を買う人も多いようです。便利なのはありがたいことですが、大手のスーパーやコンビニ、量販店では、すべてではないにしても、扱っている銘柄もやはり大手の酒造メーカーに限られている場合が多いものです。

大手酒造メーカーだからおいしくないということはありませんが、大量生産なので万人受けをねらい、お酒の個性を出しにくいという傾向はあります。

大きな都市には、比較的高級なスーパーがあります。このようなスーパーでは取扱銘柄も大手チェーン系のスーパーや量販店と違ってくるので、面白いお酒が見つかるかもしれません。

地方都市のスーパーなら、規模はそれほど大きくなくても地酒を多く置いているはずです。その土地ならではのお酒を選べるというメリットもあります。

コンビニでも、もともと酒屋から業態変更したような店なら、個性的なお酒を扱っている可能性があるので、地元の情報などをもとにそういう店を見つけたら寄ってみるのもいいでしょう。

いずれにせよ、スーパーやコンビニ、量販店では酒のプロが必ずいるわけではないので相談できないところが初心者には難点ではあります。

スーパーやコンビニは気軽さを、量販店は値段の安さを売りとしています。もちろん消費者にとってそれらはメリットですが、やはりこだわりの酒はこだわりのある店で買うことをおすすめします。

気軽に買えるスーパーもいいが
こだわりの酒なら酒屋が
おすすめじゃ

お酒のイベントを10倍楽しむ方法

みなさんは、お酒のイベントに参加されたことはありますか？　新しい日本酒に出会うには、とてもいい機会ですよ。

自分が知らないお酒がたくさん並ぶイベントでは、普段飲まないようなお酒も飲むことができます。なかには、意外な自分の好みを発見できるかもしれません。

最近はいろいろなタイプのイベントが開催されているので、積極的に参加することをおすすめします。

お酒のイベントには、次のような種類があります。

・飲食店主催の蔵元を囲む会
・酒屋主催の試飲会
・酒屋主催の試飲販売会

・数店舗の居酒屋をはしごするイベント
・組合、協会主催の試飲会
・蔵開き
・酒蔵見学
・酒蔵ツーリズム

場所も有名ホテルの宴会場もあれば、街の公民館みたいなところもあります。街ぐるみの開催も、飲食店同士が提携して開く場合もあります。参加費も一人500円~2万円くらいまでと幅があり、なかには無料で参加できるものもあります。食事も有名レストランのフルコース付きだったり、酒のアテだけだったり、食事は出ないけど持ちこみはOKなどさまざまです。

どんなイベントでも、飲みすぎ、泥酔は禁物です！　たくさんのお酒をいくらでも飲めるとはいえ、大人の飲み方を心がけましょう。とくに初めての参加者は、つい雰囲気にのまれて飲みすぎてしまう傾向にありますからご注意ください。水を飲みながら、適度な試飲にとどめましょう。

また食事が出ないイベントでは、空腹で参加するのも悪酔いの原因となり、危険です。事前に小腹を満たしてから参加するのがいいですね。

では、簡単にそれぞれのイベントの特徴をお伝えします。

◎飲食店主催の蔵元を囲む会

蔵元を呼んで、飲食店の料理を食べながら、お酒を堪能できるイベントです。蔵元との交流ができ、食事も充実しています。たいてい週末の夜に開催されるので、参加しやすいのも利点です。

欠点としては、一人では参加しにくく感じること。実際はそれほどでもなく、一人の参加者もそれなりにいますが、慣れないうちは二人以上で行くことをおすすめします。

◎酒屋主催の試飲会

酒屋が会場を借り、取引のある蔵元を呼んで楽しむ試飲会です。一度に多くの蔵元が参加し、一蔵あたり3～5種類ほど持ってくるので、いろいろなお酒を楽しめます。

酒屋主催なので食事が付かない可能性があり、食事を楽しみながら、飲めないのが残念な点です。

◎酒屋主催の試飲販売会

デパートの酒売り場などに蔵元が来て、試飲販売するのが多いパターンです。参加費がかからず、蔵元と直接話すことができ、気に入ったらその場で購入できるのが利点です。お酒探しに慣れていない人には、ありがたい場です。

欠点としては、購入目的の試飲なので、あまり量が飲めないことです。当然、食事もありません。

◎数店舗の居酒屋をはしごするイベント

最近増えてきているのが、数店舗の居酒屋をはしごするイベントです。特定の地域の居酒屋が提携して、街ぐるみで行っています。店舗ごとに別々の蔵元を呼んで、そこのお酒と、それに合うつまみを店が安く提供しています。

街全体がお祭りのように盛りあがり、名前どおり「はしご酒」ができます。

店が混雑していると待たされるのが欠点です。腰を据えてお酒を堪能したい人にもあまり向いていません。

◎組合、協会主催の試飲会

日本酒業界には、いくつか組合や協会などの団体があります。そこが主催する飲食店や酒屋などの業界向けの試飲会があります。

基本的には業界関係者に向けて、今年のお酒の出来具合を見てもらう限定公開のイベントですが、一般公開しているものもあります。特徴として、第一部が業界向けの限定公開、第二部が一般公開と二部構成になっていることが多いです。

なんといっても、蔵元の参加数が多いのが利点。もちろん、蔵元に直接質問することもできます。市場に出すまえの反応を探るため、まだ世に出ていないプロトタイプのお酒も飲めるかもしれません。

欠点は、開催日時が平日の昼間が多いということ。遅くても夜8時くらいには終わるので、仕事帰りの参加ではゆっくり試飲できない可能性があります。

◎蔵開き

蔵元による蔵の一般開放のことで、日本酒ファン、地域の人々への感謝フェアのようなものです。

普段見ることができない蔵のなかを誰でも見ることができるのがいいところ。子供連れOKなところが多く、お祭り感覚で気軽に参加できます。振る舞い酒があったり、甘酒も楽しめたり、イベントも盛りだくさん。

欠点は住んでいる場所によっては蔵に行くのに時間がかかるのと、混雑している可能性があるところです。

◎酒蔵見学

気軽に参加できるものから、ある程度知識が必要なものまで幅があります。見学時期も、酒造りの最中もあればオフシーズンのときもあります。

酒造りの時期なら、普段見られない場所まではいることができ、酒造りの醍醐味《だいごみ》を間近で感じられるでしょう。オフシーズンだと、少し面白みに欠けるかもしれません。

◎酒蔵ツーリズム

これも最近増えてきているイベントです。地域の蔵元、市民、観光協会、行政がタイアップして、酒蔵めぐりをします。

街全体がお祭り騒ぎで、旅行感覚で参加できます。地元の食や歴史、温泉などお酒以外のものも楽しめるのがいいですね。

1日がかり、または泊まりがけになるので、まとまった時間が必要です。人混みが苦手な人にはおすすめしません。

ほかにもバラエティに富んだイベントが各地で開催されていますので、お酒の体験を高めるためにも参加されてはいかがでしょうか？

個人的なおすすめ銘柄、酒販店

酒ソムリエをしていると、普段、飲んでいるお酒や好みのタイプについて聞かれることがあります。

そういうときは、「お酒に好き嫌いはないので、どんなタイプでも飲みますよ」と答えます。どのような状況でも、お客様においしいと感じてもらえるお酒を提供するのが、プロとしての酒ソムリエの仕事だからです。そこに個人的な嗜好はいっさい入れません。

ですが、ご縁があって親しくさせてもらっている蔵元や酒販店はいくつかあります。この本ではそんな（あくまで個人的な）おすすめの銘柄、酒販店をご紹介しましょう。

これらの酒販店は、ラインナップも管理も、そして働いている方の人柄（これがいちばん大事）もピカイチで、さらに日本全国どこからでもお酒を取り寄せることができます。

お酒を購入するときの参考にしていただけたら幸いです。

【蔵元】

◎満寿泉《ますいずみ》　富山県富山市　桝田酒造

「天然のいけす」と呼ばれる富山湾は、のどぐろやブリ、ホタルイカに白海老など魚介の宝庫。新鮮で濃厚な魚の旨みには、淡麗なお酒では物足りないときがあります。その点、しっかりした味わいの魚に満寿泉なら申し分ありません。ぜひ、おいしい魚と一緒に堪能してください。

◎誠鏡、幻　広島県竹原市　中尾醸造

中尾醸造はリンゴ酵母を発見した蔵、高温糖化酒母発祥の蔵として有名です。とくに、幻の純米大吟醸は、まだ「大吟醸」という言葉がなかった時代から造られており、皇室新年御用酒、首脳会談の晩餐会乾杯など、常に檜《ひのき》舞台に上がる酒を醸しています。

◎大信州　長野県松本市　大信州酒造

長野県は新潟県についで酒蔵数が日本第2位（2015年現在）で、82蔵もあります。そのなかでも大信州酒造は常に県内でトップレベルのお酒を造っており、また、全国新酒鑑評会（全国規模で1年に1度行われる酒の鑑評会）や世界的に権威のあるワインコンペティションのIWCでも数多くの受賞歴があります。

【酒販店】

◎小山商店

小山商店の魅力はなんといっても、3代目の小山喜八さんの人柄です。

全国の酒蔵から厚い信頼を寄せられ、売れないお酒をいかに売れるようにするか、蔵元にとっては良きアドバイザー的存在です。もちろん、一般客でも、的確なアドバイスをもらえます。喜八さんだけでなく、「チーム小山商店」のスタッフは皆さんピカイチ。

東京都多摩市関戸5-15-17
電話：042-375-7026

◎はせがわ酒店亀戸本店

地酒専門店としてはもっとも規模が大きいのではないでしょうか。支店も多数あります。若者がたくさん行き交う街にあえて出店して、日本酒ファンの層を広げるために一役担っています。

こちらも蔵元からの信頼は厚く、有名、無名を

問わず、多数取り扱いがあります。しかも本店はすべてのお酒を冷蔵保管しており、品質保持にも余念がありません。

東京都江東区亀戸1－18－12
電話：03－5875－0404

◎味ノマチダヤ

取扱銘柄はピカイチで、決して広いとは言えない店内には、所狭しとお酒が並んでいます。ときどき蔵元が来て試飲販売を行ったり、イベントも多く開催しています。

気さくな酒井店長をはじめ、スタッフに日本酒のことを聞けば、的確なアドバイスをもらえるでしょう。

東京都中野区上高田1－49－12
電話：03－3389－4551

東京都内にある地酒専門店をご紹介しましたが、どこもネット販売や配送も可能ですので、地方在住者でも利用しやすいと思います。

もちろん、皆さんの住んでいる近くにも良い酒屋があるはずです。気軽に行ける場所になじみの酒屋を見つけるのが理想ですので、ぜひ探してみてくださいね。

【飲食店】

番外編として、日本酒初心者におすすめの飲食店をひとつご紹介します。

初心者でも多くの種類を気軽な値段で飲めるのが、3000円で日本酒100種類、時間無制限で飲み放題（2017年8月現在）のお店KURAND SAKE MARKETです。現在、首都圏に6店舗を展開しており、客層は20代～30代が中心となっています。

良い酒は造っているが多くの消費者に届けるノウハウのない小規模な蔵元のお酒をPB（プライベートブランド）として商品化して、多くの人に飲んでもらうことをコンセプトにしています。

PBですので銘柄はあまり知られていないものばかりですが、面白いお酒がそろっています。ネット予約もできて、お酒に関わる情報発信も幅広く行っています。いろいろなタイプのお酒を心おきなく飲むにはぴったりの店です。

温度帯や
季節によって
味わいの違いが
楽しめるのも
日本酒の特徴よ
薫酒
華やか
春
爽酒
キリリ
白ワイン系
軽快
夏
秋
醇酒
旨み
コク
熟酒
旨口
醇酒
冬
辛口
あれ？
これはちょっと
熱くなりすぎ
じゃない？
あちちっ
カンカン
あら、それを
入れたのは…
さちちゃん
まさか…
ズバッ

日本酒の温度帯

日本酒の大きな特徴として、キンキンに冷えた冷酒からカンカンに熱くなった熱燗《あつかん》まで、とても幅広い温度で飲むということがあります。同じ酒であらゆる温度帯を楽しめるのは、世界的にもあまりありません。

ワインやビールを温めて飲む場合もありますが、どちらかと言うと、スパイスやはちみつを入れてカクテルとして楽しみます。また焼酎のように、湯を入れて温度を上げるのではなく、日本酒はお酒そのものを温めて飲むところも特徴的です。

温度を変えて、味わいを変化させて飲むのは、日本酒の醍醐味のひとつと言ってもいいでしょう。

通常、わたしたちがお酒を飲むときに意識するのは、次の3つの温度帯です。

冷酒　5～15℃

常温（冷や）15～30℃
燗酒　30～60℃

昔は冷蔵庫がなかったので、「冷や」と「燗」しかありませんでした。この場合の「冷や」とは常温のことです。いまでも、「冷酒」と「冷や」を混同されている人がよくいますが、**「冷や」は「冷酒」ではなく常温を指します**。

店でお酒を飲むときに温度帯を指定するなら、「○○を冷やで」と頼むと、常温で出されます。冷たくしたいときは、「○○を冷酒で」と言いましょう。

といっても、最近は「冷や」で飲む人は非常にまれです（個人的には好きなんですが）。たいてい、冷酒か燗酒で、どちらかと言えば冷酒のほうが多い傾向にあります。

もし間違って「冷や」と頼んでも、お店の人が気をきかせて冷酒で出してくれたり、「冷酒でよろしいですか？」と聞き直してくれたりする場合も多いと思います。「冷や」で飲みたい場合は「○○を常温でください」と伝えれば、確実です。

温度によって、お酒の表現もさまざまに異なります。呼び方の例を下にまとめました。

5℃きざみでこんなに呼び名があるのは、日本酒ならではもの。「雪冷え」「花冷え」など季節を感じさせる呼び名にも風情や情緒がありますね。

ただし、いま注文するときに「○○を雪冷えで」「○○を花冷えで」と言う人はほとんどいません。

冷酒、常温（冷や）、燗酒の3つの温度帯を知っていれば十分です。飲み比べて、自分好みの温度帯がどこにあるか探ってみるのも楽しいでしょう。

ただし、燗酒を飲むのであれば、もう少し、くわしい温度帯を伝えたいところです。燗酒については、次の項でお話ししましょう。

冷酒		常温（冷や）				燗				
5	10	15	20	25	30	35	40	45	50	55-60 ℃
雪冷《ゆきひ》え	花冷《はなひ》え	涼冷《すずひ》え			日向《ひなた》燗	人肌燗	ぬる燗	上燗	熱燗	飛び切り燗

燗酒の味わいの変化

では、温度の変化によって、どのように味わいが変化するのでしょう？

アイスクリームでたとえると、冷たいときはおいしく感じたのに、ドロドロに溶けたら甘味だけ強く感じたことはありませんか？

または、冷蔵庫のキリリと冷えたビールを飲んだとします。冷たいときはおいしく感じたのに、ぬるくなったら苦味が増して、味もぼやけた感じがしませんか？

じつはどちらも、温度変化によって感じ方が変わったからです。日本酒も温度を変えることによって、香りや飲み口、味わいが変化していきます。

日本酒では、どうでしょうか？

まず、冷酒に向いているお酒でも、なんでもかんでもキンキンに冷やせばいいわけではありません。

燗酒に向いているお酒でも、なんでもかんでもカンカンに熱くすればいいわけでもありません。

それぞれに、おいしいと感じる温度帯があります。冷やすことによるメリット、デメリットも、温めることによるメリット、デメリットもあります。

日本酒は温度が上がると、以下のように味わいが変わります。

・香りが広がる。
・飲み口がまろやかになる。
・甘味が広がる。
・旨みが増す。

5℃のお酒を10℃に上げても、20℃の冷やを40℃のぬる燗にしても適温なら同じです。**「適温」というのは、お**

スッキリしますが、感じにくくなります。	**甘味**	広がりますが、くどくなります。
シャープになりますが、刺激が強くなります。	**酸味**	やわらかくなりますが、ぼやけます。
軽やかになりますが、感じにくくなります。	**旨み**	ふくらみますが、くどくなります。
キリッとしますが、固く感じます。	**飲み口**	まろやかになりますが、締まりがなくなります。
爽やかになりますが、感じにくくなります。	**香り**	広がっていきますが、ぼやけます。

いしく感じる温度帯です。同じお酒でも、温度帯によって違った味わいを感じさせてくれます。

たとえば、「燗冷《かんざ》まし」という飲み方があります。一度熱めにつけた燗酒をゆっくり冷ます飲み方です。

どうしてわざわざ熱くしたお酒を冷ましてから飲むと思いますか？

60℃くらいまで熱くすると、日本酒が本来持っている旨みや香りが全開し、輪郭がしっかりします。そこから徐々に温度を下げていくと、口あたりがまろやかで、後味のキレが良い燗酒が楽しめるというわけです。温度が下がる過程で、自分がおいしいと感じる温度で飲めばいいのです。

「急冷燗」という飲み方もあります。

60℃くらいまで熱くしたお酒を、今度は氷水で急激に冷やします。すると、あら不思議、輪郭がしっかり残ったまま、冷えたお酒になります。

燗冷まし、急冷燗とも醇酒（さち）タイプのお酒が適しています。いろいろな温度帯を試して、いちばんおいしく感じるところを探してみましょう。

熱くもなく、冷たくもなく——燗酒の魅力

「1合を、お燗にして」と店などで耳にしたことがあると思いますが、燗酒とは、30～60℃に温めたお酒を指します。燗酒はいつごろから飲まれるようになったのでしょうか。正確にはわかっていませんが、平安時代中頃とされています。また江戸時代では、燗酒は9月9日（菊の節句）～翌年の3月3日（桃の節句）のお酒で、それ以外の時期は冷や（常温）で飲んでいたと言われています。

昔は「燗鍋」と呼ばれ、その名のとおり、大きな鍋に酒を入れて、直火《じかび》で温めていました。それでは温度調節が難しいということで、1合徳利や2合徳利で湯煎《ゆせん》するようになったのです。

ひとくくりに「燗酒」と言っても、実際には30～55℃と幅があり、25℃も温度差があります。同じお酒でも、30℃の日向燗と55℃の飛びきり燗では味に違いが出ます。

しかも、「燗酒」＝「熱燗」と思っている人が多いのですが、**「熱燗」は正確には50℃に**

温めたお酒を指します。

実際のところ、「熱燗を！」と言っても、「50℃に温めてください」ではなく、「お燗してください」という意味で使っている人がほとんどです。

「温度帯のご希望はありますか？」と尋ねてくれる店は気がきいています。そうしたら、「ぬる燗で」とか、「温度帯はおまかせします」と言えばよいのです。逆に何も言わずに燗酒が出てきたら、適当にやっているかもしれません（笑）。

店によっては冷酒しか置いていないところや、燗酒しかない店もあります。いろいろな温度を試してみたいときは不向きですが、今日は冷酒だけ、または燗酒だけと決めているのなら、もってこいです。

最近は、冷やして飲んだほうがおいしいと言われる吟醸酒や生酒の人気が高いせいか、燗酒にこだわる人が少なくなっている気がします。私の店でも、8：2くらいで冷酒のほうが燗酒より出ます。真夏の燗酒はさらに少なくなります（私の父が真夏でも燗酒で飲むタイプで、昔は理解に苦しんだものです）。

燗酒へのこだわりが失われていくのは、ちょっぴりさびしいですね。燗酒の魅力に気づくと、日本酒の面白さが一気に広がりますよ。

燗に向く酒とは？

では、どういうお酒が燗に向いているでしょうか。

一般的に、日本酒は温度を上げると、舌ざわりがなめらかになります。甘味、酸味、苦味などのバランスも良くなり、旨みが増えますので、**どっしりした味わいの醇酒（さち）タイプのお酒は燗酒に向いています**。

専門用語を使わずに言えば、「昔ながらの酒」「酒臭い日本酒」「しっかりしたタイプ」です。

醇酒タイプ以外が燗酒に向いていないというわけではありません。

たしかに、大吟醸に多い、薫酒（薫）タイプのような繊細な香りのものは不向きと言えます。ですが、同じ大吟醸でも、ぬるめの燗でフルーティーな香りを楽しめるお酒もあります。

フレッシュ感の強い生酒も冷酒で飲むことが多いですが、しっかりしたタイプであれば、

生酒の燗、生燗《なまかん》にしてもおいしいお酒がいっぱいあります。

さらに言うと、醇酒に多い純米酒や爽酒（凜）に多い本醸造のなかには、冷酒、常温、燗酒と、どの温度帯でもおいしく飲めるお酒もあります。熟酒タイプの古酒を、人肌燗にして飲むのもいいでしょう。

家で飲むなら、いろいろなお酒を試してみてもいいですね。燗酒なら、ちょっと面倒でも湯煎をおすすめします。そのほうがお酒が均一に温まります。

温度計を使わなくても、酒は温まると膨張《ぼうちょう》するので、量が増えたと思ったところで取りだして、飲んでみてください。ちょっとぬるいなと感じたら、もう少し温めるとおいしい温度帯になるはずです。

簡単ではありますが、電子レンジではムラができてしまうので、あまりおすすめしません。どうしてもという場合は、途中で酒器を何度か揺らし、なるべくお酒が均一になるように温めます。

「燗」という漢字は、「火」の「間」と書きます。

熱くもなく、冷たくもない、ちょうどいい温度という意味でつけられたそうです。これもまた情緒のある言葉ですね。

春の酒

四季のある日本では、日本酒の楽しみ方も季節によってさまざま。じつは「季節」は、日本酒を楽しむための、とても重要なキーワードなのです。

古来、日本では、その時期においしく感じられる日本酒を選び、温度や酒器を変えたり大切な人の健康を願ったりと、季節に合わせたお酒の楽しみ方がありました。そのような伝統的な飲み方を意識することでも、日本酒の醍醐味を感じることができます。

爽やかで心地よい春には、果実や花のような華やかな香りの薫酒（薫）やドライな白ワイン系（メイ）のお酒が合います。

また、しぼりたての新酒の季節でもあり、とくにこの時期にリリースされる大吟醸系のハイグレードなしぼりたての新酒は、ぴったり。

また、春によく出る「かすみ酒」というお酒があります。これは、滓《おり》（細かくなった米の粒や酵母などの小さな固形物）を少し絡ませた、淡いにごり酒です。霞《かすみ》がかかったように滓が舞い、かすんだような色合いになります。

それぞれ代表的な銘柄をあげておきます。

- **薫酒**　幻、十四代
- **白ワイン系**　No.6、醸し人九平次
- **新酒**　磯自慢、満寿泉
- **かすみ酒**　豊香《ほうか》、水芭蕉《みずばしょう》

香り高い食材が多いのも春ならでは。鯛《たい》の薄造りに木の芽を添えたり、山菜の酢味噌あえなど、お酒との組み合わせを試してみるのも面白いでしょう。

夏の酒

Rin

Awayuki

暑い夏には、飲みくちがキリリと引きしまった軽快な爽酒（凜）タイプの日本酒がおいしく感じられます。スッキリしたタイプの生酒やスパークリング（泡雪）もおすすめです。夏限定の「夏酒」もたくさん出てきますので、大いに楽しめます。爽酒は全タイプのなかではもっとも軽快で、野外で飲むにもぴったりのカジュアルなお酒が多いです。

いろいろな料理に合わせやすい爽酒ですが、鰺《あじ》やトビウオといった夏の青背の魚、冷奴など涼やかな料理には相性抜群。鰻《うなぎ》の蒲焼のような旨みと脂の強い料理なら、濃厚なお酒を多めに入れて、オンザロックにしてもいいですね。

夏の酒の代表的な銘柄には以下のようなものがあります。

- **爽酒**　阿部勘、大信州
- **スパークリング**　愛宕の松、獺祭

秋の酒

秋は日本酒がいちばんおいしく感じられる季節。旨みを含んだコクのある醇酒（さちタイプ）をじっくり味わうのもこの季節ならではの楽しみ方です。

秋はおいしい味覚がいっぱいです。さんまやきのこ類、戻り鰹《がつお》なども、コクのあるタイプの醇酒と合わせると、至福のひとときになります。

あまり冷やしすぎずに飲むのがポイントです。

秋におすすめの銘柄には、以下のようなものがあります。

・**醇酒**　神亀、王祿《おうろく》、カネナカ

冬の酒

寒い冬に飲むなら、身体の芯《しん》から温まる燗酒がおいしいですね。お酒の温度を上げて飲むスタイルは、日本酒の醍醐味です。

ぬる燗が好みなら、コクのある旨口タイプを。熱燗が好みなら、後味が引きしまる辛口タイプがおすすめです。燗酒に向いているお酒が多いのも醇酒（さち）の特徴であり、秋から冬にかけてに多い、脂のりの良い食材にも合わせやすいでしょう。

冬に出まわるしぼりたての新酒は本醸造や純米などスタンダードなタイプで、春の新酒とは

寒いときには
わたしたちが
ポカポカにするわ
Tamayo
Sachi

また違った味わいですが、蔵元が今シーズンで初めて出すお酒を楽しめるのも魅力です。タイプは違いますが、熟成香のある熟酒（玉代）を少しずつ飲むのにも適した季節です。ヘビータイプでもライトタイプでも（22ページ）、シーンに合わせて楽しみましょう。

冬の醇酒、熟酒の代表的な銘柄をあげておきます。

- **醇酒**　十旭日《じゅうじあさひ》、玉川
- **熟酒**　達磨正宗《だるままさむね》、睡龍《すいりゅう》

冬ならではの鍋料理にはコクのある旨口タイプを、寒ブリなど脂の強い魚介類には熟成酒をぬる燗にしてもいいでしょう。

季節の行事と日本酒

長い歴史を持つ日本酒は、伝統的な季節の行事とも深い関係があります。古来、行事に合わせて、無病息災《むびょうそくさい》や五穀豊穣《ごこくほうじょう》などの願いを込めた飲み方が受け継がれてきました。

ここでは、伝統的な年中行事のなかでお酒に関わるものを取りあげます。日本の文化を再確認するためにも知っておいていただきたいものです。

◎春の行事とお酒

・**白酒《しろざけ》**　3月3日の桃の節句には、魔除《まよ》け、子孫繁栄を願って白酒（アルコール度約9パーセントの甘味の強い酒）を飲みます。

・**花見酒**　お花見にお酒は欠かせません。古来、桜の木は農業の神様が宿る木と考えられてきました。そのため桜の花が咲く頃になると、豊作を願って神様にお酒や食べ物を供え、自分たちも飲食をともにしたのです。

・**菖蒲酒《しょうぶ》**　5月5日の端午《たんご》の節句には、菖蒲の強い香りで邪気を祓《はら》うため、菖蒲を浸した菖蒲酒を飲みます。

◎夏の行事とお酒

・**氷室《ひむろ》酒**　平安時代、貴族は氷室で保管していた氷を浮かべた日本酒を飲み、暑い夏をしのいだとされます。

◎秋の行事とお酒

・**菊酒**　9月9日の重陽《ちょうよう》の節句には、長寿の効果が高い菊の花びらを浮かべた菊酒を飲みます。

・**月見酒**　中秋の名月には、月を愛《め》でながら月見酒を飲みます。

・**祭り酒**　祭りのときに神様に供えたりふるまったりする酒を「祭り酒」と言い、秋の祭りには、豊作を願って祭り酒を飲みます。

◎冬の行事とお酒

・**お屠蘇《とそ》**　お正月には、その年の邪気を祓って健康を祈願し、生薬《しょうやく》をお酒やみりんに混ぜたお屠蘇を飲みます。

・**雪見酒**　雪景色を見ながら飲む雪見酒も、この季節ならではのもの。

ここにあげたもの以外にも、地域によって異なるものも含めて数多くの行事やそれに関連したお酒があります。古《いにしえ》に思いを馳《は》せながら、それぞれの季節に合わせたお酒を楽しむのも格別のひとときです。

お酒のタイプ別、酒器の選び方

みなさんはお酒を飲むときに、どんな器で飲みますか？ラッパ飲みする人はいないでしょうが、コップ酒では雰囲気が出ません。せっかく良いお酒なら、酒器もこだわりたいところ。最近では、酒器の形によって味わいの感じ方が異なることに注目し、機能性を重視した酒器もあります。

酒器のおもな素材と形状をまとめました。ざっとあげるだけでも、これだけ種類があるものです。

◎素材

・木（漆《うるし》、竹）
・土（陶器、磁器）
・金属（錫《すず》、アルミ、チタン）

・ガラス（クリスタル、ソーダガラス）
・その他（プラスチック、シリコンなど）

◎形状

・枡
・猪口《ちょこ》
・ぐい呑み
・切子
・ワイングラス

私の店では、常温や燗酒では好きな猪口を選んで飲んでいただきます。寸胴《ずんどう》みたいな筒型の猪口もあれば、皿のような形で浅い平盃《ひらはい》もあり、材質も磁器や陶器などさまざまです。機能性を気にして猪口を選ぶのは全体の2パーセントほどで、だいたいはそのときの気分や雰囲気で選びます。

あまりルールに縛られずに気に入った猪口で飲むのがいいと思いますが、とはいっても、燗酒をワイングラスで飲んでいたら、やはりちょっとおかしいですよね。

器の形状によって、お酒の味わいの感じ方が違うのは事実です。

器選びで重視したいのは、「口あたりと、香り」です。直接口にふれるので、あたり方によって感じ方も変わります。お酒から立ちのぼる香りも、器によって変わってきます。

では、お酒のタイプによって、どんな酒器がふさわしいのか見てみましょう。

◎薫酒

薫酒（薫）の持つ華やかな香りを十分引きだせる形状を選びましょう。ワイングラスのように香りがなかにこもるタイプや、口が広がったラッパ型、平盃が適しています。

◎爽酒

スッキリした爽酒（凜）は冷酒にして飲むことが多いので、温度の上がりにくい小さめの酒器が合います。軽やかな味わいを活かすなら、筒状の猪口や背が高く細長いグラスもいいでしょう。

◎醇酒

もっとも日本酒らしい米の旨みやコクのある醇酒（さち）は、燗酒にするなら、和の雰囲気のある陶器や磁器が最適です。冷酒なら、シャープなイメージの磁器もいいですね。
アルコール度数が高いお酒もあるので、アルコール臭が鼻をつくような酒器は避けます。

◎熟酒

熟酒（玉代）は琥珀《こはく》のような黄金色のお酒が多いので、白い磁器など色合いを楽しめる酒器がおすすめです。
小ぶりなブランデーグラスで楽しむのもいいでしょう。お酒の香りがグラスのすぼまった部分にとどまるので、芳醇な熟成香を堪能できます。

◎スパークリング

なんといっても、スパークリング（泡雪）は泡がきれいに見えてガスが抜けにくいことが最優先になります。スパークリングワインを飲むときのような、背が高く細長いフルートグラスがいいでしょう。

◎白ワイン系

白ワイン系（メイ）は薫酒と同様に香りが高いお酒が多いので、香りを引きだせるタイプがおすすめです。白ワインに近いお酒なので、ワイングラスで飲むのがいいでしょう。

お酒のタイプがわかれば、それにふさわしい酒器も選べるようになります。周囲からも、「おっ、こだわりがあるな」と思われますよ。

酒の熟成

日本酒で、「新鮮＝おいしい」は成り立つでしょうか？

お客様が注文したお酒が、たまたま封切りだったとして、目の前で開栓すると喜ばれます。これも、「封切り＝新鮮＝おいしい」とのイメージがあるからではないでしょうか？

日本料理では食材の楽しみ方として、「走り」「旬」「名残り」の3つがあります。季節の食を楽しむ日本人ならではの風情のある楽しみ方ですね。

とくに出はじめの食材や初物を食べる「走り」は、江戸っ子の初鰹に代表されるように古くから日本人になじみ深い楽しみ方です。このような歴史もあり、「新しいものは、おいしい」という刷《す》りこみがあるのかもしれません。

それでも最近は、魚や肉を寝かせる熟成が脚光を浴びるようになりました。みなさんも旨みの強い熟成肉を食べたことがあるのではないでしょうか？

お酒は封切りすると、熟成のスピードが速まります。封切り直後はフレッシュで元気がありますが、1日か2日ほど置くと旨みがのり、そのお酒が本来持っているポテンシャルを感じることができます。

冬から春先に出てくる新鮮なしぼりたてもフレッシュで良いですが、ひと夏、蔵でほどよく熟成させた秋のお酒、「ひやおろし」もまた違ったふくよかな味わいがあります。

熟酒のなかには、3年熟成、5年熟成、なかには10年や20年の古酒もあります。長期熟成のタイプは寝かせることで、濃厚な味と香りが生まれます。

栓を抜いた直後と、ほどよく空気にふれたお酒の味わいを飲み比べるのもまた楽しいものです。

もともと熟成タイプだけど
寝かせるといっそう
濃厚になるわよ

料理と酒、3つの方程式

日本酒はストライクゾーンが広いお酒と言われます。料理の相性をあまり考えなくていいということですね。

たとえばワインでは、「マリアージュ」という言葉があるように、料理とワインの相性を大切にします。日本酒でも相性は大切なのですが、ワインほど気をつかわなくても大丈夫です。**よほどの組み合わせでないかぎり、だいたい料理に寄り添ってくれるのです。**

それでも、雑誌やネットなどでしばしば特集されるほど、「酒と料理の相性」は関心が高いテーマのようです。和洋中、エスニックどころか、果物やスイーツとの合わせ方まで取り上げられるようになりました。

お酒と料理の相性をきちんと探るには、味覚を研《と》ぎすまし、集中して取り組まないといけません。繰り返し試したりと、お酒と料理にしっかり向きあう根気と時間も必要となります。

え、そんなの無理？　普通はそうですよね。もう少し簡単に酒と料理の相性は見つけられないの？　はい、あります。それが、「料理と酒の３つの方程式」です。この方程式にあてはめれば、気軽に料理との相性を探ることができます。しかも次の３つだけなので、誰でも簡単に覚えられるはずです。

・同調させる（バランス）。
・口のなかを洗い流す（ウォッシュ）。
・互いの味を高めあう（マリアージュ）。

これだけです。もう少し、くわしく説明しましょう。

◎同調させる

いちばん簡単な合わせ方です。同じ要素を持つ料理とお酒を組み合わせます。薄味の料理×軽めの日本酒、濃いめの料理×しっかり系の日本酒という感じですね。

たとえば、白身の刺身とスッキリした大吟醸のような薫酒（薫）タイプ、冷奴と淡麗辛口のような爽酒（凜）タイプ、金目鯛の煮付けとしっかり系の純米酒のような醇酒（さち）タイプといった合わせ方です。以下にお酒別の組み合わせの例をあげておきます。

薫酒

フルーティーな香りで軽快な味わいのものには、料理も同様にやわらかな旨みや清涼な風味を持つものが合います。白身の刺身、蛤《はまぐり》の酒蒸し、サーモンのマリネ、帆立の白ワイン蒸し、春雨サラダ、生春巻きなどです。香りが強くなれば、料理を選ぶ傾向が強くなります。

爽酒

シンプルで軽快な味わいの爽酒なら、よほど特徴の強い料理でなければ、どのような料理とも合います。なかでも淡い味つけや爽やかな味わいの料理は相性ばっちり。蕎麦、冷奴、野菜のテリーヌ、ロールキャベツ、シュウマイ、小籠包《しょうろんぽう》などです。

醇酒

コクのある醇酒は、旨みが強く濃厚な味の料理に合わせるのが理想的。チーズやバターを使った料理にも合います。おでん、金目鯛の煮付け、クリームシチュー、鮭のムニエル、八宝菜、焼き餃子などです。

熟酒

お酒の個性が強いので料理を選ぶ傾向も強くなりますが、ほかのタイプのお酒では合わせにくいものにも寄り添うのが熟酒のいいところ。同調もいいですが、互いの味を高めあうマリアージュを試すのもおすすめです。猪《いのしし》鍋、生《なま》雲丹《うに》、ジビエ、ブルーチーズ、ふかひれの煮込み、麻婆《マーボー》豆腐などです。

スパークリング

炭酸による爽快感が特徴のスパークリングも、爽やかな味わいや軽快な旨みの料理がよく合います。穴子の白焼き、白身魚のカルパッチョ、棒々鶏《バンバンジー》などです。

白ワイン系

酸による爽快感を持つので、爽やかな味わいや軽快な旨みを持った料理に合います。白身魚の薄造り、牡蠣《かき》のワイン蒸し、水餃子などです。

◎口のなかを洗い流す

揚げ物など、口のなかが脂っこくなったときは、脂を洗い流してさっぱりさせてくれるタイプのお酒がよく合います。魚の独特なクセもやわらげます。

天ぷら×白ワイン系（メイ）、鯵の刺身に淡麗辛口のような爽酒（凜）タイプなどです。ドライなタイプの白ワイン系なら、豚の角煮やフォアグラのソテー、チャーシューなどこってりした料理にも合います。

スパークリング（泡雪）も、ドライなタイプであれば、揚げ物以外でも、牛すじの煮込みや牛フィレ肉の赤ワイン煮、チンジャオロースなど脂の強い肉料理でも口のなかを洗い流し、さっぱりさせてくれます。

◎互いの味を高めあう

異なる傾向の味を組み合わせて、互いの味を高め合います。個性の強いもの同士で試してみるとわかりやすいでしょう。

全体の調和を考える和食は、それぞれの味があまり個性を主張しないので、フレンチやイタリアンなどで試してみるといいと思います。もちろん、合わせる日本酒もブルーチーズ×古酒（熟酒）、ビーフカレー×かなりしっかりした純米酒のような醇酒のぬる燗など、個性の強い酒になります。


どの料理であっても、この3つの方程式のどれかにあてはまります。いろいろな組み合わせを楽しんでみてください。

日本酒の新しい動き

ひと昔前は「オジサンの飲みもの」と呼ばれていた日本酒も、いまでは、世界に誇る日本の文化と言われるようになりました。

蔵元も世代交代が進んで若い造り手が増え、各蔵元で斬新《ざんしん》なお酒をリリースしています。「これって日本酒？」と思うほど、スタイリッシュなラベルのお酒も登場し、人気を博しています。

方向性はまったく違いますが、漫画も世界的に知られる日本の文化のひとつです。「漫画と日本酒」という、一見真逆と思える組み合わせの動きもあるのです。

漫画界の巨匠の一人である松本《まつもと》零士《れいじ》さんは、戦国武将をテーマに、全国47都道府県の日本酒の酒蔵とコラボレーションをしています。日本酒のラベルに、選び抜かれた各県代表の名将・武将を松本さんが描くという企画です。歴史ファンには垂涎《すいぜん》の的になるでしょう。

これまでも、漫画をラベルに使った商品は多数あります。「ゲゲゲの鬼太郎×千代むすび」（鳥取県境港市）「もやしもん×春鶯囀《しゅんのうてん》」（山梨県南巨摩郡）「めぞん一刻×ふじの井」（新潟県新発田市）などは有名なところです。

萌えキャラをあしらった日本酒もあり、毎年秋葉原で行われる「萌酒サミット」

は、多くの若者でにぎわっているようです。

以前、私も店で「不二子ちゃんみたいなお酒が飲みたいんですけど」とリクエストされたことがあります。

「ルパン三世」の大人の魅力あふれる峰不二子みたいなお酒なんてあるのかととまどいましたが、お客様の要望にこたえるのが酒ソムリエとしてのプロの仕事。選び抜いたすえに、花陽浴《はなあび》の純米大吟醸をおすすめしました。

完熟した果実のような甘い香りと濃厚な味わいながらシュッと切れる鋭さもある薫酒（薫）系の無濾過生原酒（134ページ）です。

「不二子ちゃんのイメージにぴったり！」と、お客様が大いに納得と感動してくださり、ほっとしました。

びっくりしましたが、これも新しい注文の仕方と感心もしました。

その体験もあり、この本でお酒の分類にキャラを使ってみたらどうだろう、というアイデアが生まれたのです。

米、水、酵母、気候によっても酒の味は全然変わってくるのか
大吟醸
本醸造
純米
精米歩合
これは「純米」だから…
頭で考えるより、まずは舌で感じなきゃダメよ!
さあ、どんどん
のんで のんで のんで
酒の味は何によって変わるのか、というとそうだなあ…
一番は蔵人の想いじゃないかな?
あら?
んごーっ
「想い」に届く前に寝ちゃいました〜

純米や本醸造は「特別」なお酒？

「はじめに」でも言いましたが、この本では専門用語を知らなくても、おいしいお酒に出会うのが目的ですので、難しい用語の説明は極力ひかえてきました。むしろ知らないほうが先入観もなく、よりストレートにお酒の良さを感じられるとさえ思います。

とはいえ、瓶のラベルにあるような言葉の意味を知りたいという人もいるでしょう。本章では、初心者にも役立ちそうな用語を少しだけ説明します。

よく見かける「純米」や「本醸造」という名称は、「特定名称酒」と呼ばれるお酒につきます。その名のとおり、特別な名前がついているお酒です。反対に、特別な名前がついていないお酒は「普通酒」と言います。ですので、**日本酒は「特定名称酒」と「普通酒」に分かれます**。

特定名称酒と普通酒、どちらのお酒が主流なのでしょうか？　流通量からいくと、断トツに普通酒です。特定名称酒が３割ほどに対し、普通酒は７割にもなります。

けれど、どちらを飲んだほうがいいか、と聞かれたら、特定名称酒をおすすめします。特定名称酒のほうが手間と労力をかけ、こだわって造っているからです。そのぶん、個性的なお酒がそろっています。

日常的に気軽に飲める普通酒も悪くはありませんが、面白いお酒なら特定名称酒に軍配が上がります。

では、特定名称酒の種類を見てみましょう。

特定名称酒は原料や造り方、精米歩合の違いによって、それぞれ名前がつけられます。区分表にまとめましたので、参考にしてみてください。名前が違うだけで、お酒の優劣に関係するわけではありません。

特定名称酒には、本醸造酒、特別本醸造酒、吟醸酒、大吟醸酒、純米酒、特別純米酒、純米吟醸酒、純米大吟醸酒の8つがあります。

「純米」がついている4つのお酒は、原料が

特定名称酒の区分表

精米歩合	特定名称酒
規定なし	・純米酒
70パーセント以下	・本醸造酒
60パーセント以下	・特別本醸造酒 ・特別純米酒 ・吟醸酒 ・純米吟醸酒
50パーセント以下	・大吟醸酒 ・純米大吟醸酒

米と米麹のみの**「純粋に米だけ（純米）」**になります。これらは「純米」タイプのお酒です。

「純米」がついていない残りのお酒は、原料に米と米麹のほかに「醸造用アルコール」（簡単に言えば、焼酎みたいなもの）を足しています。つまり、**「純米＋醸造用アルコール」**となります。醸造用アルコール添加酒を略して、通称、「アル添酒」と言います。これらは「本醸造」タイプと呼ばれます。

「純米」と「本醸造」の違いは、醸造用アルコールを添加しているかどうかだけです。醸造用アルコールを添加する目的は、以下のものです。

・スッキリした味わいにする。
・香りを引きたたせる。

「私は本醸造タイプより、純米タイプのほうが好き」と、個人的な嗜好を言うのはかまいませんが、「純米が良い酒で、本醸造は悪い酒」と優劣をつけるのは、ちょっと違います。**米そのものの甘味や旨みを感じたいなら純米タイプを、スッキリして香りのいいお酒を飲みたいなら本醸造タイプを選べばいいのです。**

純米か本醸造かは、飲みたいタイプのお酒を探す目安にしましょう。

米を削るとお酒はどうなる？

「お酒の辛口、甘口とは？」（130ページ）に見本をあげましたが、日本酒のラベルにはたくさんの情報が書かれており、きちんと専門的な知識を身につけて情報を読み取れば、飲むまえにある程度どんな味わいなのかが想像できます。

ここではラベルの情報のひとつ、「精米歩合」を取りあげましょう。第1章（32ページ）でも少しふれましたが、精米歩合はコストやお酒の値段にも関わってきます。ラベルの精米歩合が低いほど、一般的に値段は高くなります。

では「大吟醸」と聞くと、どんなお酒をイメージしますか？

「華やかな香りで、スッキリしたお酒」という答えが多いでしょう。これが、「大吟醸」から想像できるイメージであって、言い方を変えれば固定概念とも言えます。

大吟醸であっても華やかな香りがしないお酒はありますし、味わいもスッキリではなく、むしろしっかりしたものもあります。

だから、飲んでみないとわからないのです。

吟醸と大吟醸の違いに関係するのが、お酒に使う米の精米歩合（みがき度合）です。では精米歩合とはなんでしょうか？

普段わたしたちが食べている白いご飯は、玄米から精米（茶色い糠《ぬか》の部分を削ること）して白米にしていますよね。

じつは、ご飯の米（食用米）と酒造りに使う米（酒米）は品種が違うのですが、酒米も食用米と同じように精米しています。

食用米が玄米の約7～10パーセントを削るのに対し、酒米は最低でも30～40パーセントも削ります。なかには、60パーセント以上削るお酒もあります。

ここで、日本酒のラベルの話にもどりましょう。

たとえば、「精米歩合65パーセント」などの表示を見たことがありませんか？　**精米歩合とは、「米がどれだけ削られているか？」を表す数値です。**

「精米歩合65パーセント」なら35パーセント、「精米歩合40パーセント」なら60パーセントの米を削ったことになります。こころむすび酒造のお酒（131ページ）のラベルを見ると、「精米歩合60パーセント」ですから、40パーセントの米を削っています。**日本酒では、米の残ったほうのパーセントを表示するようになっています。**精米歩合が「低い」ほど、米を削った割合は「高く」なります。

では、削れば削るほど、お酒はどのようになるのでしょうか？

お酒の雑味成分は、米の表面に多くあります。**米の表面を削ると、雑味が消え、透明感の高いスッキリした味わいになります。**

ただ、「雑味＝まずいもの」ではなく、雑味は旨みも含んでいます。まとめると、こうなります。

・精米歩合が高い＝あまり米を削らない＝雑味や旨みが増え、複雑な味わいになる。
・精米歩合が低い＝たくさん米を削る＝スッキリして、繊細な味わいになる。

大切なので繰り返し言いますが、味の優劣ではありません。どちらもおいしいですし、好みによります。ただ前にも説明しましたが、細かい粒になるまで米をみがくのは技術を要するのでコストがかかり、お酒の値段も高くなる傾向にあります。

吟醸酒は精米歩合が60パーセント以下のもの、大吟醸酒は50パーセント以下のものがそう名乗ることができるので、値段も高めになります。

第1章（32ページ）でも言いましたが、「高いお酒＝おいしいお酒」ではありません。むしろ、値段の安いお酒に、自分好みのお酒があるかもしれませんよ。

米をみがくほど
スッキリした味わいになるぞ

吟醸と大吟醸——違いは精米歩合だけ

吟醸と大吟醸の違いに精米歩合が関係することはなんとなくわかっていただけたでしょうか？　逆に言えば、精米歩合以外にどこが違うのでしょうか。

吟醸には、特定名称酒の区分表（119ページ）で言えば、「吟醸酒」と「純米吟醸酒」があります。

簡単に言えば、**「吟醸酒とは、よく吟味《ぎんみ》して丁寧に醸造したお酒」**のことです。精米歩合は60パーセント以下（米を40パーセント以上削ったもの）です。

さらに「大吟醸酒」（大吟醸酒、純米大吟醸酒）となれば、精米歩合は50パーセント以下（米を50パーセント以上削ったもの）になります。

吟醸と大吟醸の違いは、精米歩合だけです。ひと昔前であれば、吟醸はフルーティなお酒、大吟醸はさらに香りが華やかなお酒というのが一般的でした（いまでも、このような傾向にはあります）。

最近はこれらの味わいによる境界線が薄くなってきた感じがします。大吟醸でも、華やかなお酒だけではなくなってきました。

反対に、あまり米を削っていない純米酒であっても、華やかな香りがするお酒が出てきています。

精米歩合で10パーセント違うということは、米を削るコストも違うので、同じ蔵元のお酒なら、吟醸より大吟醸のほうが値段は高くなります。

もちろん、これも「吟醸よりも大吟醸のほうがおいしい」というわけではありません。よりスッキリ、より香りが華やかなお酒が飲みたいといった嗜好やその日の気分によるでしょう。

吟醸も大吟醸も
味と香りの好みで
選べばよいのじゃ

「特別」なお酒はたくさんある

では、吟醸酒、大吟醸酒にはなくて、本醸造酒と純米酒についているものはなんでしょうか？　ここでまた特定名称酒区分の表（119ページ）を見てみましょう。それは「特別」という名前です。すべての本醸造酒と純米酒につくわけではなく、「特別本醸造酒」「特別純米酒」がそれにあたります。これって何が「特別」なのでしょうか？

さらに言えば、精米歩合が同じ（60パーセント以下）の「特別本醸造酒」「特別純米酒」「吟醸酒」「純米吟醸酒」は、いったいどこが違うのでしょうか。

ここが日本酒のわかりにくいところのひとつですが、**条件を満たしていれば、どれも「特別」と名乗ることができます**。たとえば、「純米」を強調したいときに「特別純米」としたり、酒造りの工程が特殊なものに「特別」をつけたりと、蔵元によってさまざまです。

ただ、華やかな香りがするように造られたお酒は「吟醸酒」「純米吟醸酒」に、そうでないものは「特別本醸造酒」「特別純米酒」になる傾向にあります。

さらに、もうひとつわかりにくいことがあります。特定名称酒区分の表をよく見てください。「特定名称酒」とは、原料・製造の規定にもとづいたものですが、「規定なし」以外はすべて精米歩合は「〇パーセント以下」と書かれていますよね。

これがくせ者なのです。たとえば、醸造用アルコールを添加していない（本醸造酒でない）精米歩合40パーセントのお酒があったとします。

このお酒は精米歩合が「50パーセント以下」「60パーセント以下」「70パーセント以下」のどれにもあてはまり、さらには「規定なし」とも言えますので、表記上は

・純米大吟醸
・純米吟醸
・特別純米
・純米

と、どれでも書けてしまいます。

この場合、たいていは、「純米大吟醸」と書くでしょう。だけど、あえて何も書かないお酒も出はじめています。「純米大吟醸」と書くと、勝手に味を想像されてしまうからです。想像どおりの味わいなら問題ありませんが、蔵元の意図するところと違う先入観を持

たれてしまうおそれもあります。それを避けるために、あえて「純米大吟醸」と名乗らないお酒が出てきたのです。

そのようなお酒は、精米歩合は表記しても特定名称はうたいません。さらに、特定名称も精米歩合も表記が義務づけられていないので、どちらも書いていないお酒も出てきています。

こうなると、特定名称酒の区分の存在理由があるのだろうかとも思ってしまいます。

このように「特別」が意味するところは蔵元によってさまざまです。お酒選びの目安にはなるかもしれませんが、味わいを決めるものではないのです。

「特別」には蔵元が
強調したいところが
現れているんじゃ

お酒の辛口、甘口とは？

「お酒の好みはありますか？」と聞くと、いちばん多い答えが「とりあえず辛口で！」です。老若男女を問わず、10人中7人が言うほどで、いかに「辛口」という表現がよく使われているかを表しています。

しかも、「とりあえず」とはどういうこと？

「酒なら、なんでもよいのか」「酔えればどんな酒でもよいのか」なんて思ってしまうときもあります。

でも、これは仕方がないのです。昔は、酒といったら辛口一辺倒《いっぺんとう》だったのですから。どのお酒もすべて辛口だったんです！　だから、お酒の味わいを表現する必要がなかったわけです。

「辛口」と聞いて、みなさんはどのような味を想像されますか？　まさか、唐辛子のような辛さではないですよね。

日本酒業界における「辛口」をひと言で言うと、**「甘口ではない日本酒のこと」**です。日本酒の味わいの表現で辛口か甘口かは、日本酒のなかの糖分の割合で判断します。

糖分が少なければ、辛口

糖分が多ければ、甘口

で、これを数値化したものが、「日本酒度」というものです。簡単に言うと、お酒が辛口か甘口かを見る目安となるものです。

ラベルの裏にも記載されていますが、ざっくり言うと、「糖分の多い酒の日本酒度はマイナスに、少ない酒はプラスに」なります。**マイナスの数字が大きいほど甘口で、プラスの数字が大きいほど辛口となります。**「日本酒度」が「+5」なら辛口で、「+10」ともなればかなり辛口となるわけです。下のラベルを見てみましょう。日

原料米	山田錦 100%
原材料名	米・米麹
アルコール分	16 度
精米歩合	60%
日本酒度	＋5
酸度	1.4
アミノ酸度	1.0
酵母	非公開

日本酒 720ml 詰　製造年月 29.9

こころむすび酒造株式会社

東京都新宿区新宿

未成年者の飲酒は法律で禁じられています

（見本）

本酒度は＋5、酸度は1・4とあります。これはいわゆる「淡麗辛口」、爽酒（凜）タイプのお酒ですね。

けれど、ここで注意。じつは日本酒度だけでは、辛口か甘口かの判断はできません。これは、お酒に含まれているコハク酸やリンゴ酸など「酸」の量にも関係しているからです。日本酒のラベルの裏には「酸度」が記載されている場合もあります。

酸度とは、酒に含まれる酸の総量を表したものです。初心者の方は、いまはそれ以上知らなくていいでしょう。じつは酸度が高いからといって、すっぱいわけではないのです。むしろ反対

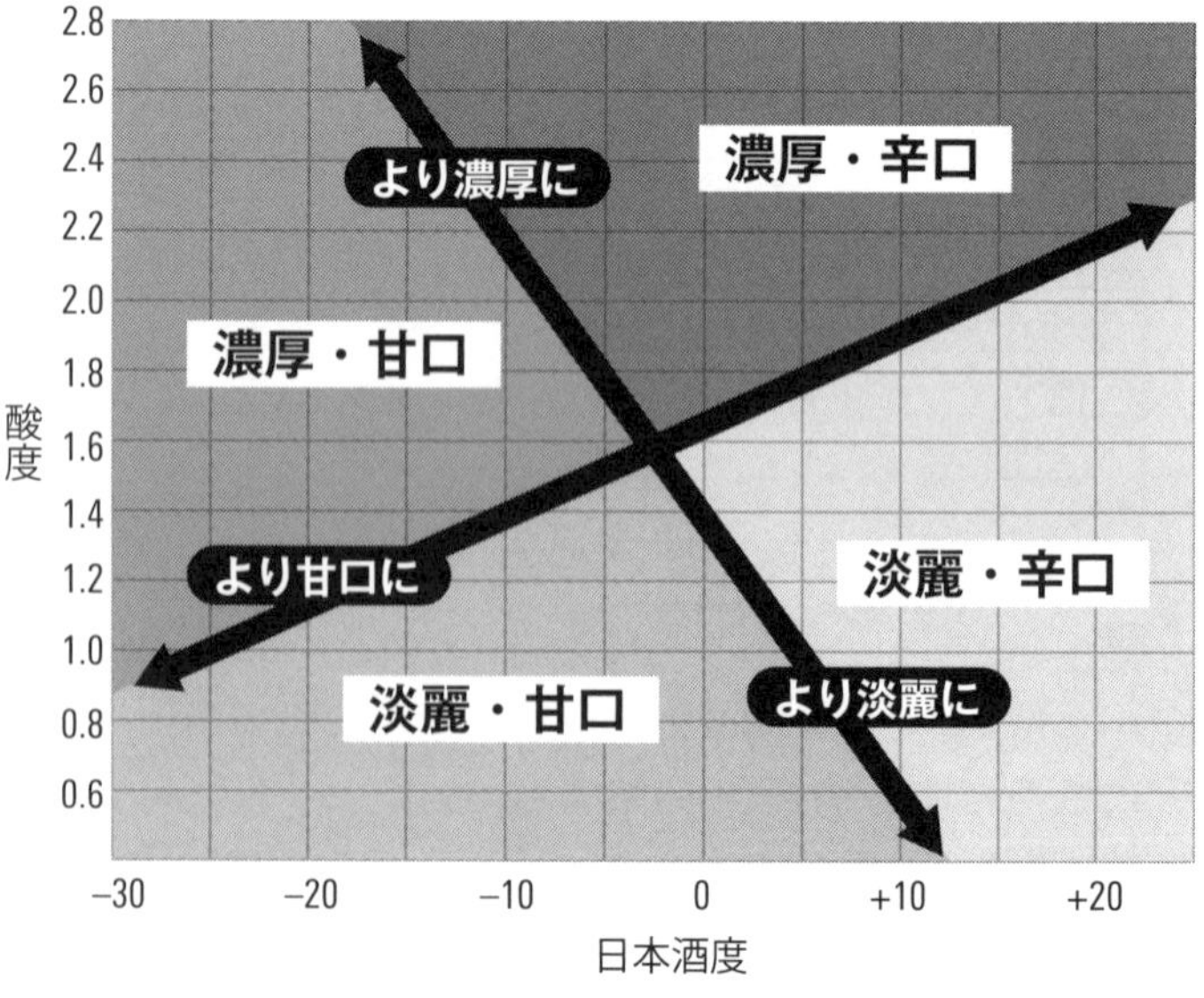

で、**酸度が高いほど味わいが濃厚になっていきます**。

日本酒度が同じなら、「酸度が高いほうが、より辛口に味わいは濃く」感じるのです。右ページの日本酒度と酸度の図を、チラッと参考程度に見てください。

このように日本酒度と酸度のバランスで、辛口か甘口かを判断します。ですが、感じ方は人それぞれで絶対的なものではありません。ある人が辛いと感じても、別の人はそう感じない場合もあるからです。

辛口、甘口の数値も、あくまで参考程度にしておきましょう。好みの味なら、辛口でも甘口でも関係ないのですから。

「無濾過生原酒」を読み解く

酒屋では、日本酒がたくさん常温の棚に並べられていますが、店内の冷蔵庫にも同じように日本酒が並べられています。

常温と冷蔵保存のちがいはなんでしょうか？

本来なら、すべてのお酒を冷蔵庫に保管できればベストですが、スペースやコスト的に難しい場合があります。その場合、優先的に冷蔵庫に入れたほうが良いお酒があります。いや、入れなければならないお酒です。

冷蔵する判断基準は、生酒であるかどうかです。通常、一般的な日本酒は殺菌や味を安定させるために、加熱処理を2回します。これを「火入れ」と言います。逆に火入れ

を1回もしていないお酒を「生酒」と言います。

生酒は爽やかな清涼感があり、フレッシュな味わいが特徴です。まだ酵母も生きているので、要冷蔵商品となります。火入れの酒と比べると、よりボリューム感もあります。牛乳にたとえれば、生酒は牧場のしぼりたての牛乳で、味わいもフレッシュで濃厚です。一方、火入れは加熱殺菌した牛乳のようなもので、フレッシュさはないけれど飲みあきない味と言えるでしょう。

生酒はとてもデリケートなお酒なので、蔵元側も細心の注意を払い、必ずラベルの目立つところに「生酒　要冷蔵」と書かれています。もしも、生酒を常温で置いている酒屋や飲食店があったら、（一部の商品を除いて）ちょっとヤバイ（笑）です。火入れのお酒も、一度開栓したら冷蔵することをおすすめします。

一般的に言えば、生酒は酵母の活性がまだあるので、火

入れしたお酒よりボリューム感があります。同じ薫酒系でも、火入れしたものより生酒のほうが旨みを感じます。

生酒と同様によくラベルに書かれているのが「原酒」です。一般的なお酒は、できたあとに水を加えてアルコール度数と味を調整しています。水を加えないお酒を「原酒」と言います。

普通、一般的なお酒ならアルコール度数は15~16度ですが、原酒だと17~18度、さらには20度なんてお酒もあったりします。度数が高くなるぶん、アルコールによる刺激も強くなります。

そのほかに、「無濾過」と書かれているお酒もあります。これもまた一般的なお酒は仕上げ段階で、活性炭素で濾過をします。色味や雑味をフィルターで漉《こ》して、透明でクリアなお酒にするためです。ところが旨みまで濾してしまうので、若干物足りなさも……。この活性炭素で濾過をしていないお酒を「無濾過」と言います。旨みも残り、飲みごたえが出ます。

ここで質問です。

店や酒屋などで、「無濾過生原酒」という名称を聞いたことはありませんか？　そう、「無濾過」「生酒」「原酒」を合わせたもの。つまり、

・濾過をしない
・火入れをしない
・水を加えない

お酒ということです。そのため、アルコール度数も高く、濃厚な味わいになります。

無濾過生原酒は最近のトレンドのひとつで、一口飲むとダイレクトに味を感じるので人気ですが、初心者の方は要注意です。「おいしい！」と飲みすぎると、あとでこたえますよ。

ラベルに「無濾過生原酒」とあったら、ちょっと危険で、でもとりこになってしまうお酒のしるしかもしれません。

米によって酒の味は変わる？

前述しましたが、日本酒はご飯（食用米）とは違う「酒米」から造ります。種類もたくさんあります。酒米のなかでも、特別な検査基準をクリアした米を「酒造好適米《しゅぞうこうてきまい》」と言います。

となると、米が違うと酒の味も変わるのでしょうか？

たとえば、食用米で有名な米でコシヒカリやササニシキがあります。じつはそれらの米でもお酒は造れます。この場合、コシヒカリやササニシキが酒米となるわけです。けれど、それらが酒造好適米になることはありません。心白がほとんどないコシヒカリやササニシキでは、特別な検査基準をクリアできないからです。心白とは米の中心にある円形で白色不透明の部分で、でんぷんが少なく酒造りに適していると言われています。

酒造好適米は、現在１００種類くらいあります。食用米と比べると稲穂の背が高く、台風などの影響を受けやすく、高度な栽培技術が必要とされます。

また、収穫量も限られるため、食用米に比べて価格が非常に高いのです。酒造好適米は、日本で栽培される米の生産量の約1パーセントしかありません。たったの1パーセント！　いかに貴重な米か、わかるでしょう。

よく使われる酒造好適米には、次のようなものがあります。（　）は代表的な産地です。

・山田錦《やまだにしき》（兵庫）
・五百万石《ごひゃくまんごく》（新潟）
・美山錦《みやまにしき》（長野）
・雄町《おまち》（岡山）
・出羽燦々《でわさんさん》（山形）

みなさんも聞いたことがあるかもしれません。お酒のラベルの表記で見覚えがある人もいませんか。

好みのお酒を探すのに米の種類を覚える必要はありませんが、同じ醸造酒のワインと比べると、ワインを楽しむ第一歩はぶどうの品種を覚えるところから始まります。

またワインは水を使わず、100パーセントのぶどうジュースから発酵させていくので、ぶどうのテロワール（栽培環境や気候）がワインの味に大きく影響します。そのため、ワイナリーはぶどうの栽培と醸造を一貫して行っているところが多いですが、日本酒の場合はどうでしょう？

蔵元が田んぼを持っているところはまだ少なく、一般的に米の栽培は契約している農家に依頼します。米の栽培と酒の醸造は必ずしも同じ場所で行っていないということです。極端に言えば、北海道の農家が栽培した米を、九州の蔵元が買って醸造していることもあります。

では、米が違うと酒の味も変わるのか？　微妙な言い方ですが、「それなりに違う」というのが結論です。

現在、酒米の王様と言われるのが「山田錦」です。生産量もいちばん多くあります。次に生産量が多いのが、「五百万石」です。

同じ蔵元で、同じ酵母と水で、さらに同じ製法ですべてを同じ条件にして、「山田錦」と「五百万石」でお酒を造ったら、間違いなく違いが出るでしょう。

言い方を変えると、ここまで条件を同じにしないと、米の違いは酒の味の違いに現れません。

最近では、米のテロワールにこだわる蔵が増えてきました。米にも早生《わせ》（米の収穫時期が早い品種）や晩生《おくて》（米の収穫時期が遅い品種）があり、日射量も違います。また、米を栽培するには田んぼに水を引きます。その水と酒の仕込み水の硬度を同じにしようと取り組んでいる蔵も出てきました。米の栽培そのものをやる蔵も増えてきています。

このような取り組みを考えると、酒質の向上に、米の質の向上は大いに関係があると言えるでしょう。

いいお酒には
いい米を使うのが
大切なんだな

酵母と水の影響力

実際のところ、おいしいお酒のために品質の良い米は必要条件にはなりますが、絶対条件ではありません。その理由はふたつあります。

ひとつ目は、日本酒の味の決定要因が米以外にもあるからです。それは酵母と水です。米以上に味への影響力があります。

日本酒の酵母には、こんなものがあります。

・日本醸造協会が培養している酵母（協会7号、協会9号など）
・各県が独自に開発している酵母（アルプス酵母、しずおか酵母など）
・蔵に住みついている自然界の酵母（蔵付き酵母）

種類も豊富でそれぞれに特徴があり、酸や香りの生成に大きな影響があります。

水は、ミネラルの含有量によって発酵力に大きな影響を与えます。日本は全体的に軟水傾向ですが、それでも場所によって、中硬水～軟水と幅があります。

日本酒の80パーセントが水でできており、酒造りの過程で、仕込み水は米の50倍以上も必要とされます。米のように、別の場所から運んでくることは事実上不可能ですので、水質は蔵がある土地に直接的に影響します。

まとめてみましょう。

・同じ産地の同じ品種で、同じ酵母を使っても、蔵元（水）が違うと違う味になる。
・同じ産地の同じ品種で、同じ蔵元が造っても、酵母が違うと違う味になる。

米がお酒の味を決定づける絶対条件にならないふたつ目の理由は、酒造りの工程が複雑だからです。

ワインの原料となるぶどうと異なり、米にはもともと糖分がないので、糖化させる工程が必要となります。さらに水もたくさん使われます。

ということは、同じ産地の同じ品種の米で、同じ蔵元が造ったとしても、製法が違うとやはり違う味になります。

結果的に、米、酵母、水はどれも日本酒造りに欠かせない、味わいに影響する大切な要因なのです。

地方によって酒の味は違うのか？

よく「地酒」と言いますが、地酒とはどういう意味なのでしょうか？

辞書によると、「その土地で造られたお酒」とあります。昔はいまほど流通が発達していなかったので、その土地の米と水、蔵に住みついていた酵母で酒を造っていました。だから「地酒」と呼ばれたのです。

また、地域による酒の特性がいまより強く出ていました。同じ地域の蔵元なら、同じ水を使い、似たような米と酵母を使っていたからです。

地酒の特色を表した表現のひとつに、「灘《なだ》の男酒、伏見《ふしみ》の女酒」というのがあります。このふたつは昔から酒どころとして有名でした。

なぜ、このように言われていたのでしょうか？

答えは、水にあります。

本章の「酵母と水の影響力」の項で、酒造りに必要な大量の水はほかの場所に運べないので、お酒の味に直接的な影響があると言いました。灘と伏見で言えば、灘（兵庫）の水は硬水で発酵力が強く、辛口に仕上がります。反対に伏見（京都）は灘に比べて軟水なので、発酵力が弱く、甘口に仕上がります。

辛口のお酒を男酒、甘口のお酒を女酒と呼んでいたことから、「灘の男酒、伏見の女酒」という言いまわしが生まれたのです。だから薫（薫酒）は女の子っぽく、凜（爽酒）はボーイッシュなのです。

さらに、灘の酒は一大消費地である江戸に送られていたので江戸の人の嗜好に合わせるようになり、伏見の酒は京料理に合うようになっていきました。そういう背景も、男酒と女酒の違いを際立たせることになったのでしょう。

また、昔は郷土料理が多く存在し、食材の流通もいまほど盛んではありませんでした。そのため、土地に根ざした食材や料理に合う酒が造られていました。

海に近い蔵元であれば魚介類に合う酒で、山のなかの蔵元であれば山菜などの野菜に合う酒だったのです。このように、地方によって酒の特性がありました。米も昔は全国的な流通がなかったので、東の寒い地方の米と西の温暖な地方で栽培された米とでは味に違いがありました。たとえば、五百万石（新潟）や美山錦（長野）は繊細でスッキリとしたお酒に向いており、山田錦（兵庫）や雄町（岡山）は旨みがのったどっしりしたお酒になる傾向があります。

いまでは、米は日本全国から蔵元へ運ぶことができ、酵母もさまざまな種類があります。水以外は、別の土地のものを使うことができます。

そうすると、土地特有の味わいは以前より薄まっています。

少しさびしくはありますが、流通の発達のおかげで、いろいろな味わいを楽しめるようになったとも言えるでしょう。

その土地の地酒を味わえるのも
日本酒の大いなる魅力なのじゃ

蔵人の想い

「蔵人《くらびと》」とは、日本酒造りに関わる人々を総称してそう呼びます。蔵人の代表的存在が、酒蔵《さかぐら》のオーナーである蔵元（酒蔵の総称としても使われます）と酒造りの最高責任者である杜氏《とうじ》になります。

蔵人はどんなことを想い、日本酒を醸しているのでしょうか？　本書の最後に、現在の蔵元や蔵人の状況と取り組みをいくつかご紹介します。

もちろん、どこの蔵元もおいしい日本酒を造りたいという気持ちは変わらないでしょう。とはいえ、日本酒の味わいはさまざま。同じ国内でも、気候も、酒を醸す風土も違います。郷土料理があるように食文化も異なります。

また、若い造り手も増え、酒造りに対する考え方も多様化してきました。日本酒は日々刻々と変化しているのです。

前述しましたが、昔から東の酒はスッキリしたお酒が多く、西の酒はコクのあるお酒が多いと言われてきました。

東日本は寒冷地が多いので発酵がおだやかに進み、熟成もゆるやかです。酸の少ないスッキリしたお酒になりやすくなります。西日本は温暖な気候が多いので発酵が進みやすく、熟成もしやすく、濃厚なお酒になりやすい傾向があります。

昨今は酒造りの技術が目まぐるしく進歩し、杜氏の勘に頼る酒造りから、機械で管理する酒造りに変わってきました。流通も発達し、全国どこからでも、酒米を調達することもできます。

また冷房設備を導入して、通年、酒造りをする蔵元も現れ、以前のような産地による傾向が弱くなってきています。東日本でも濃厚な酒を造る蔵元もあれば、西日本でもスッキリしたお酒を造る蔵元もあります。

そうなってくると、純粋に「杜氏がどんな酒を造りたいか？」に大きく左右されるようになってきています。

また、各地で新たな酒米を品種改良したり、新しい酵母を培養する動きも活発で、その背景には地域のブランド化につなげたいという思惑もあったりします。

１００の蔵元があれば、１００通りの酒造りに対する考え方があり、１００通りの造りたい酒があります。

すべての造り手の想いを紹介するのは難しいのですが、いくつかあげてみましょう。

◎3・11をきっかけに

２０１１年に起きた東日本大震災では、東北地方を中心に蔵元も大きな被害を受けました。なかには、全壊し、酒造りができなくなったところもありました。福島県の原発事故の影響で、移転を強いられた蔵元もあります。

多くの支援やはげましのなかで復活し、酒造りを再開した蔵元はたくさんあります。このような蔵元は、その恩に報いるためにも、いままで以上に良い酒を造る覚悟でやっています。

たとえば、宮城県石巻市の日高見《ひたかみ》を醸す平孝酒造は甚大な被害を受け、震災後にすべてのインフラが止まり、お酒の管理ができなくなりました。そのような困難な状況でも、酒を造りつづけることが地域の復興につながると信じ、「震災復興酒 希望の光」と銘打ってリリースしました。

このお酒は震災直後、タンクからあふれてしまい、２週間ほど管理できなくなりました。

それでも力強く、生命力にあふれた日本酒としてよみがえったのです。

蔵元は、そのお酒から勇気と希望を与えられたそうです。そして、売上の一部を義援金として石巻市に献金しました。

◎自社の田んぼで酒米を栽培

フランスのワイナリーでは、ぶどうの栽培とワインの醸造を両方やっているところがたくさんあります。それに対して日本酒では、酒米作りは農家に依頼し、その米を蔵元が買って酒造りをするのがこれまで一般的でした。

けれど最近では、「酒造りは米作りから」をもとに、自分たちで米を作る蔵元も増えてきました。米にはそれぞれ特性があり、それを活かす酒造りはどのようなものか？　と考えたときに、米作りからやるのがいちばん早いと考えるからかもしれません。きっと、自分たちで米を作ることによって見えてくる酒造りがあるのでしょう。

そのひとつ、神奈川県海老名市のいづみ橋を醸す泉橋酒造は、全国でも珍しく酒米栽培から精米・醸造まで一貫して行っています。古き良き田園風景では、秋になると赤とんぼが飛んでいたものです。農薬の影響か、最近は赤とんぼの数も激減しました。泉橋酒造は、もう一度、赤とんぼがいる田んぼを残したいという想いのもと、無農薬、減農薬での米の栽培に取り組んでいます。秋鹿で知られる、大阪府豊能郡能勢町《とよのぐんのせまち》の秋鹿酒造も同様に一貫造りの蔵で、みずから酒米を栽培し、醸造もやっています。

◎ワインと日本酒

世界中のアルコールには、その土地で育まれた酒文化があります。

フランスならワイン、ドイツならビール、ロシアならウォッカ、アメリカならバーボンなど、地理的条件や歴史的背景が関係しています。

世界の人々から愛されるアルコールのひとつに、ワインがあります。ワインと日本酒は、同じ醸造酒として、似ているところがあります。

そこでワインを研究することによって、日本酒のクオリティを上げられるのでは？　と考える蔵元もいるのです。

第1章で説明しましたが、新しい日本酒のタイプで「白ワイン系」があります。キャラで言えば、明るく陽気、ワインにもくわしい一方で日本文化にも精通しているハーフのメイですね（26ページ）。愛知県名古屋市の醸し人九平次がよく知られている銘柄です。

酸を強調することによって、これまでにない日本酒の味わいを造りだしています。これもワインを研究した成果のひとつでしょう。

さらに、本来、日本酒を造るときに使う酵母は日本酒用ですが、ワイン用の酵母で酒造りをしている栃木県さくら市の仙禽《せんきん》のようなところもあります。

ワイン用の酵母で造ると独特な味わいが出ます。原料は米なのに、ワインのような日本酒も増えてきました。

◎地元への貢献

日本酒は「農産物加工品」ですので、農業とは切っても切れない関係にあります。これまでもお話ししたように、おいしいお酒には品質の良い米が欠かせません。そして良い米を作るためには、豊かな自然が必要になってきます。

ですから、豊かな自然を残すのは、蔵元にとって生命線でもあるわけです。

各地の蔵元は自分たちで米作りはしなくとも、地域の自然を残す活動をしたり、農家のサポートをしたりするなどの努力を続けています。

また、蔵元の敷地内にレストランを併設したり、新潟県長岡市の久保田のようにちょっとしたホールを造り、ミニコンサートを開催している蔵元もあります。

こういった試みは、お酒以外で地元に貢献しようという想いから始まっています。

◎グローバリズムとローカリズム

あらゆる産業で国内の消費が伸び、海外に目を向け、海外進出する企業が数多くあります。日本酒も例外ではなく、海外での人気が高まるに連れ、出荷量が年々増えています。そのため、海外で売れる日本酒を造るのも、これからの時代に生き残るためには重要な戦略と考える蔵元もあります。

もちろん、もっと日本酒のことを知ってもらいたいという想いもあるでしょう。

対照的に、海外でなく、地元を第一にしたいと考える蔵元もあります。

米や水、酵母など、すべての原料をその土地だけのもので造ることにこだわる秋田県秋田市の新政のような蔵元も増えてきました。昔の地酒と言われるものはすべてこのようなお酒だったので、むしろ原点に戻っているという言い方が正しいのかもしれません。

海外と地元のどちらに目を向けるのかは、蔵元によってまったく違います。

どこの会社にも企業理念があり、大切にしているものがあります。蔵元も酒を造るメーカーであり、一企業です。当然のように企業理念があります。

わたしたちは、普段お酒を飲むときに、「おいしい」「自分好み」など酒の味わいは評価しますが、「蔵元が大切にしているもの」「蔵元の企業理念」はまず話題になりません。たまには、お酒を舌で味わうだけでなく、蔵元が大切にしているものが何かに想いを馳せて味わうのもいいかもしれませんよ。

きっと、違った味わいを感じるはずです。

「ミス日本酒」にチャレンジしてみませんか？

最近、お酒のイベントに参加していると、たまに「Miss SAKE JAPAN」というタスキをかけた和服の女性を見かけます。彼女たちは「ミス日本酒」と呼ばれ、その称号は厳しい審査を経て優勝した女性にあたえられるものです。「ミス日本酒」は容姿だけを競うコンテストではなく、こんな役割を担い、美意識と知性を身につけたアンバサダーとして貢献しているのです。

- 伝統ある日本酒と日本文化の魅力を、国内や海外に発信する。
- 日本酒と密接な活動のある食や農産業に親しむ活動を行う。
- 日本の伝統文化をつなげる活動を行う。

こういった活動のために、日本女性のための教養講座「ナデシコプログラム」を受講して、日本酒の知識や体験はもちろんのこと、着物の所作や着こなし、陶芸や和紙などの体験を通して日本文化を学びます。

地方大会から自らの美と知をみがき、勝ち抜いた女性たちが最終選考会に望み、優勝した一人が「ミス日本酒」になります。とても名誉ある称号なのです。

応募条件がありますが、日本酒に興味のある女性の方ならチャレンジしてみては
いかがでしょうか？
日本酒の新たな魅力に出会うことができるかもしれません。

詳細 URL はこちらから
http://www.misssake.jp

一般社団法人ミス日本酒

おわりに

ふとしたとき、ある日本酒のラベルを見たら、「特A山田錦 28BY 袋吊雫酒斗瓶囲生酛仕込 純米大吟醸無濾過生原酒」との表示がありました（どこかで見たフレーズですが）。

結局のところ、本書を最後まで読んでも、このお酒がどういうものかは理解できません。この呪文を解読することは不可能です。

でもいいんです。本書はそれがゴールではないのですから。どうすれば、専門用語の知識を持たずにおいしいと思える日本酒を見つけることができるか？　それがテーマです。

そのために必要なのが、「ときめき」と「コミュニケーション能力」です。日本酒を頭で理解するのではなく、心で感じてもらいたいのです。「意識する」と言いかえてもいいでしょう。季節、温度、料理、器、飲む相手、飲む雰囲気……。それらを意識しながら飲むだけで、日本酒がぐっと身近なものになるはずです。

そして、もう少し知識を身につけたいと感じたら、いよいよ本書を卒業するときです。

もっとくわしい本を読むのも、ＳＳＩ（日本酒サービス研究会・酒匠研究会連合会）が主催するような養成講座を受講し、唎酒師の資格を取得するのもいいでしょう。

日本酒には心で感じるおいしさも、頭で理解するおいしさもあります。ぜひ、さらなる日本酒の知識を積んで、その魅力にふれてください。そして、みなさんのまわりにもその魅力を伝えてください。一人でも多くの方に、日本酒の魅力を知ってほしいと心から願っています。

ここで、酒ソムリエとして、ひとつだけお願いです。

お酒を造っている段階では、杜氏が設計したとおりのお酒になっているかを判断するのに、成分表示（データ、数字）が重要になります。たとえば、下のように味わいを数字で表しています。

蔵人は酒造りのプロですから、お酒を数字で語るのは当然のことです。だけど、一般消費者の方が、たまにお酒を数字で語っているときがあります。日本酒の知識を積んでいくと、冒頭のような呪文

精米歩合	○○％	酸度	○○
アルコール度数	○○％	アミノ酸度	○○
日本酒度	＋－○	酵母	○号

も理解できるようになり、そういった専門用語だけで語る人もいます。

もちろん、お酒は嗜好品なので私がとやかく言う筋合いではないのですが、酒ソムリエの立場から言わせてもらうなら「そりゃ、野暮と言うものだよ！」。知識は増えても、いつもお酒を「感じながら」飲んでいただきたいのです。

お酒なんて雰囲気ひとつ変わるだけで、感じる味わいもガラッと変わるものです。

ほとんどの蔵元も、自分たちが造ったお酒を囲んで、「一日の疲れを癒やしてほしい」「仲間と絆を深めてほしい」「笑顔あふれるひとときになってほしい」「大切な方をもてなしてほしい」と願っているのです。

いつまでもお酒のある雰囲気を大切にして、お酒を感じていただけたら、酒ソムリエとしての冥利《みょうり》につきます。

最後に、この本の制作に携わってくれた皆様にこの場を借りて御礼を申し上げます。

「日本酒の本を出版しませんか？」と持ちかけてくれた、くびら出版の髙橋俊さん。これまで書いてきたさまざまなテーマの記事をまとめてくれた編集者の川上純子さん。すてきなキャラを描いてくれたイラストレーターの小林裕美子さん。明るい、雰囲気の良いデザインにしてくれたデザイナーの三木和彦さん、林みよ子さん。そして、なにより、本書を手に取ってくれた読者の皆様。ほんとうにありがとうございます。

店の営業のかたわら、執筆作業をさせてくれた「こころむすび」のスタッフ、休日に家族サービス返上で執筆作業をさせてくれた家族と妻にも心より感謝です。

みなさんが、意中のお酒に出会えることを祈って、本日も日本酒を飲みたいと思います。

「かんぱ～い！」

二〇一七年九月

魚と味噌と日本酒 こころむすび

東京都新宿区新宿 2-8-17 SY ビル 1F
TEL 03-3355-3577

最寄り駅 地下鉄丸ノ内線新宿御苑前駅徒歩１分、
地下鉄丸ノ内線・副都心線新宿三丁目より徒歩１０分、
JR 新宿駅東口より徒歩 15 分
席数 18 席（全席禁煙）
HP http://cocoromusubi.com/

和食と日本酒を本格的に堪能できる、古民家風の隠れ家的美食空間です。
大切な方を日本酒でもてなしたいときに、心を結びましょう。

日本酒サービス研究会・酒匠研究会連合会（SSI）について

本会は、日本の酒である「日本酒」「焼酎」の提供方法の研究を中心に酒類の総合研究をおこない、その教育啓蒙活動を通じて、日本における酒文化の発展および関連業界の支援、そして日本食文化の継承発展に寄与する事を目的とする。

主な事業として、日本の酒を主眼とした酒類全般、飲食に関する調査研究、日本の酒の提供販売に関するプロフェッショナル育成および呼称資格認定（「唎酒師」、「焼酎唎酒師」、日本の酒のテイスティング評価のスペシャリスト「酒匠」、日本酒・焼酎の魅力を消費者に伝えるインストラクター「日本酒学講師」など）のほか、蔵元での体験実習の開催やセミナー、勉強会等をおこなっています。

日本酒サービス研究会・酒匠研究会連合会
http://www.ssi-w.com/

[著者]
石田洋司（いしだ・ようじ）

日本酒居酒屋『魚と味噌と日本酒 こころむすび』店主。SSI（日本酒サービス研究会・酒匠研究会連合会）認定日本酒学講師・唎酒師《ききさけし》。ほかにワインソムリエ、味噌ソムリエ、NPO 日本食育インストラクター プライマリーなど。日本の発酵文化の伝承者としてお客様と生産者とのこころをむすぶことを目指し、日々おいしい日本酒と料理を探求している。

ちょっと知ると、もっと好きになる
日本酒超入門 呑みたい酒の見つけ方

2017 年 10 月 12 日 初版発行

著 者	石田洋司
発行人	髙橋 俊
発行所	くびら出版 株式会社スカイドッグエンタテインメント 〒151-0053 東京都渋谷区代々木 2-26-1 第一桑野ビル 3F TEL 03-5304-5417 FAX 03-5304-5418 http://kubira-books.jp/
発売元	サンクチュアリ出版 〒 151-0051 東京都渋谷区千駄ヶ谷 2-38-1 TEL 03-5775-5192 FAX 03-5775-5193 http://www.sanctuarybooks.jp/
企画・制作	有限会社リトルウイング
編 集	川上純子（Letras）
デザイン	三木和彦、林みよ子（Ampersand works）
イラスト	小林裕美子
印刷所	中央精版印刷株式会社

ISBN 978-4-86113-329-9